Kant tu ne sais plus quoi faire il reste la philo

十二段生活情境　十二位哲学大师

十二种情绪危机　十二部哲学著作

人生难题千百种　哲学带你轻松解

12堂极简哲学生活课

[法] 玛丽·罗贝尔 著
陆洵 译

著作权合同登记号　图字01-2022-3001

© Flammarion/Versilio,2018
International Rights Management: Susanna Lea Associates
ISBN：978-2-0813-5963-5

图书在版编目(CIP)数据

12堂极简哲学生活课/(法)玛丽·罗贝尔著;陆洵译.—北京:人民文学出版社,2022

ISBN 978-7-02-017158-3

Ⅰ.①1… Ⅱ.①玛…②陆… Ⅲ.①人生哲学 Ⅳ.①B821

中国版本图书馆CIP数据核字(2022)第079933号

责任编辑	付如初　李修业	
装帧设计	刘　静	
责任印制	胡月梅	

出版发行　人民文学出版社
社　　址　北京市朝内大街166号
邮政编码　100705

印　　刷　北京盛通印刷股份有限公司
经　　销　全国新华书店等

字　　数　71千字
开　　本　880毫米×1230毫米　1/32
印　　张　5　插页3
印　　数　1—6000
版　　次　2022年9月北京第1版
印　　次　2022年9月第1次印刷

书　　号　978-7-02-017158-3
定　　价　38.00元

如有印装质量问题,请与本社图书销售中心联调换。电话:010-65233595

献给布芬尼库镇[1]

献给小屋旅馆

献给迪多街

以及住在那里的家家户户

---

[1] 布芬尼库镇位于法国勃艮第-弗朗什-孔泰大区的上索恩省。——译注(除特别说明,本书脚注均为译注)

CONTENTS 目录

前　言　　　　　　　　　　　　　　　　　　　　　　　　　Ⅰ

第 1 章　跟着斯宾诺莎逛宜家
　　　　　——如何爬出欲望和烦恼的沟壑？　　　　　　　001

第 2 章　亚里士多德教你解宿醉
　　　　　——总是信誓旦旦地要改掉坏习惯？　　　　　　013

第 3 章　学尼采，做自己
　　　　　——究竟如何超越自我的极限？　　　　　　　　025

第 4 章　走进伊壁鸠鲁的花园，不看突发新闻
　　　　　——面对纷繁芜杂的世界，我该如何坚持自我？　037

第 5 章　与柏拉图来场闪电约会
　　　　　——爱情让我神魂颠倒、迷失方向？　　　　　　049

第 6 章　帕斯卡告诉我们：人终有一死
　　——时光匆匆，我想青春不老！　　061

第 7 章　服用镇静剂，不如听列维纳斯一席话
　　——家里的"小恶魔"如何才能变回"小天使"？　　073

第 8 章　吃海德格尔的狗粮，品人生百味
　　——汪星人去了天堂，但生活还要继续！　　087

第 9 章　康德，你被甩了
　　——要理性还是要激情，热恋中的我该如何抉择？　　099

第 10 章　柏格森为创业者代言
　　——从打工仔变成老板，生活竟是如此滋味！　　113

第 11 章　维特根斯坦助你解决婆媳问题
　　——为何大家说着同样的语言，彼此却鸡同鸭讲？　　125

第 12 章　密尔教你如何表达谢意
　　——收到不称心的礼物，你是否应该说出内心真实的想法？　　137

致　谢　　149

前　言

　　我在宜家商场足足逛了四个小时，却彷徨无助、一无所获。兀自站在那里，站在那些箱子中间，我已经泪流满面。若有人再说半个跟瑞典有关的字，我准会上去抽他一记耳光。然而，购物清单已经列好，商品目录也几乎烂熟于胸。我有条不紊的思维被激活了，肯定要为它的效率做个示范。但这还不够。事业的迷茫，理性的背弃，使我深陷危机。我已经束手无策。

　　于是，我决定回望生活中所有能让我平心静气、心情愉悦的事情。我想过在印有"维京"①字样的床上躺平，我也想过抓起一瓶伏特加一饮而尽。但经过片刻犹豫之后，我找到了一剂更妙的良方。因为我的脑海中浮现出斯宾诺莎的形象，他是我多年来最喜爱的一位思想家。坐在商场的角落里，我想象着我亲爱的哲学

----

① 即指"北欧海盗"。

家向我走来，给我倒一杯卡布奇诺，对我说几句安慰的话。我不再哭泣，他的思想让我浮想联翩。我懂得退一步海阔天空，以便重新调整自己的情绪。我突然意识到他的哲学刚刚拯救了我的午后时光。

因此就产生了写这本书的想法：十二种危机和十二位哲学家，这些哲学家可以帮助我们凝神静气。通过这一篇篇故事，我想谈一谈所有那些被我们遗忘的时光，那些天摇地动的混乱瞬间，那些让我们愤怒、流泪、内疚、不解、羞愧的时刻，总之，就是我们时运不济的那些时刻。我想谈一谈大家都经历过的事情。如果要有回应，那有什么能比得过穿越历史长河的暖人话语呢？

在我看来，让哲学走出书斋，让它重新在我们的夜生活、约会和工作中，尤其是在日常生活中发挥作用是很重要的事。也许这样，这门学科才会恢复它数千年来应该成为的模样，它不是一种孤芳自赏、抽象艰深的理论，而是一种让我们受益良多的智慧。因为哲学行为不仅关乎知识的获取，而且还可以改善我们的生活，缓解我们的压力，保护我们的健康，让我们免受各种烦恼之扰，无论这些烦恼是源自我们不堪回首的少年时光，源自自家小狗的死亡，还是源自我们的下次约会。

让哲学走下神坛，这也是向它致敬的一种方式，可以让这门宝贵的知识变得通俗易懂。这样，当下一次危机来临时，我们就不会惊惶失措，而是会邀请亚里士多德、柏拉图或康德来我们的客厅里喝杯咖啡。

玛丽·罗贝尔

第 1 章

跟着斯宾诺莎逛宜家

——如何爬出欲望和烦恼的沟壑？

星期六上午 9 点 54 分。你心满意足地睡醒了，想着有四十八小时可以尽情支配，想着可以充满闲情逸致地度过整整两天，可以悠闲地品咖啡，可以浏览鼓舞人心的书籍，可以邀人共进晚餐，也可以尽情挥洒运动的汗水。你的内心因为这样的充实而饱含柔情蜜意。突然……你注意到房间里的书柜，你珍贵而忠实的毕利书柜[①]，它似乎被上面摆放的各种宝贝压得摇摇欲坠。毫无疑问，这一切的罪魁祸首是你去年买的十二本关于打坐沉思的书，记录你高中生活的相册，1998 年印度之旅的纪念品，以及还没有任何一家网站能够说服你扔掉的百科全书。解决的办法就是对这些宝贝去芜存菁，但是每一件你都爱不释手、难以割舍。其实只要在边上再增加一个置物架，便可摆放新的纪念品。

---

① 毕利书柜是瑞典宜家公司于 1979 年推出的组装家具，是宜家公司最畅销的书柜系列家具，至今已在全球销售 6000 多万套。

因此，你积极热情地说服了自己的灵魂伴侣，准备一起去成年人的休闲殿堂——宜家家居吃顿早午餐。IKEA（宜家家居）这几个字母多么熟悉，多么舒心，自你第一次搬进学生宿舍起，它们就一直如影随形。木工气息，简约的设计理念，亲切而又难以名状的商品名称，瑞典式的迎宾氛围，总之，计划完美无瑕。恭候已久的汽车，空空如也的后备厢，准备收纳你的采购成果，因为你已经意识到，除了书柜以外，你可能还得更换锅碗瓢盆、床单和电视机柜，你还想买一张漂亮的咖啡桌来让客厅蓬荜生辉。你手拿商品目录，认真地在你感兴趣的页面上打钩。你穿过商场大门，微笑地看着隐藏在这座蓝色铁皮建筑内的所有待购之物。室内奔走开始了，比室外运动要来得简单。你跟着地上的箭头前进，这意味着你不敢轻举妄动，只能乖乖沿着路标走。在第一个转弯处，你拿到一支木头小铅笔，露出孩子般兴奋的神情。你欣赏着那些样板间，它们可以证明无论在挑高公寓还是在十八平米的空间，你都能惬意地生活，也可以证明幸福其实就与几个优雅的收纳方案有关。

你继续兴奋地走着。你对床上用品区情有独钟，这个区域有个招贴标志，上面印的标语颇似咒语或是家庭理疗师的生活建议：

"卧室？隔而不断。"当你到达儿童区时，双腿已经开始发软。你在商场里穿梭了两个小时，而此刻你的购物篮里只有一条化纤毯子、三包印有驯鹿图案的纸巾以及两个塑料勺子。日后若要做单份浓汤时，这两个勺子会派上用场。在难以抑制的冲动的驱使下，你不禁说出："人活着，就是要满足自己的购物欲。"你本想加快步伐，却被一只可爱的毛绒鳄鱼吸引住了。你的伴侣提高嗓门说："你的这个毛绒玩具，会不会和去年那个一样的下场？扔在地下室里？和螨虫一起生活？"你听了怒不可遏，推着手推车从他的脚上碾过，以报复他对你的嘲讽。他疼得哀号连连，你却充耳不闻。然后，为了提高效率，你决定不走商场规划的路线，而是一脚跨过一把颇具实用设计风格的三脚椅，偷偷来到办公用品区。在灯具照明区，在内心怒火和灯光热量的双重作用下，你浑身冒汗。尽管你啃着木头铅笔，内心却难以平静。

经过片刻闲逛之后，便来到了储物收纳区。在此期间，之前做过功课的商品，你已经全然不记得它们的信息，商品目录也被扔在一堆毛巾架上。你正在气呼呼地乱抓一通，却依旧无法平息你的怒气。当你的伴侣问出"谁来安装这些东西"时，你觉得两人已经到了分手的边缘。你抓起一把螺丝刀，做出恼怒的姿势，颇有扬眉吐气之感。这到底是怎么回事？你已经失去了平衡，感到体内的力量正在喷涌而出，无法遏制。无论你平时如何评论消费社会，但此时此刻，你的欲望无边无际，其持续的时间也是无穷无尽。

混乱就此开始。你搞错了咖啡桌的尺寸。你听到远处有人在大呼小叫："你之前没有量过吗？"电视机柜在光亮贴面的映衬下显得如此精致，它的胶合板也因此表现得有点过于显眼。而你一直关注的衣架，却已经在办公室和你上次住过的"爱彼迎"①民宿中看到过了，你不禁对撞款骂骂咧咧。不过这并不能阻止你的疯狂，你往自己的黄色拎袋里迅速塞进四根带有果香味和香草味的红色香薰蜡烛、两包餐盘以及一株塑料蝴蝶兰。你不知道你的欲望会将你引向何方。陪在你身旁的人用轻蔑的眼神盯着你，而当他把一只卤素灯泡扔进手推车里时，你也对他报以同样的神情。你们之间的战斗在自助服务区戛然而止。在那里，目光所及之处皆是塞满货品的高大货架，相形之下，自己显得格外渺小。这些货架意味着多少个夜晚都要在使用螺丝刀中度过。你的东西藏在

---

① 爱彼迎（Airbnb）是一家联系旅游人士和家有空房出租的房主的服务型网站，它可以为用户提供多样的住宿信息，总部设在美国加州旧金山市。

B18 和 D24 过道之间的某处地方。你掏出手机，想看一看之前保存的货品信息，深信自己解放在望。然而，你惊恐地发现，手机已经关机：没电了！你必须重复一遍整个购物行程，抑或向你的家具说声再见。你的愿望落空了。随后的几分钟几乎是在恍惚中度过的，夹杂着啜泣、屈辱、沮丧，以及一张 236.80 欧元的购物收据。你买了一堆并不真正清楚用途的东西。你回到车里，疲惫不堪。你和伴侣的关系也处于崩溃的边缘，而你起先只是想买一个书柜而已。现在是晚上 7 点 14 分，回程路上的交通拥堵让你淋漓尽致地感受到你的疲惫，你的汗水，你的无限沮丧，还有你对黄蓝两色的深深厌恶。

斯宾诺莎怎么看？

首先要澄清的是，斯宾诺莎可能从未想过要买一个毕利书柜，这一点很重要。斯宾诺莎是一名哲学家，名字叫巴鲁赫，他对欲望、美德、逆境及其相关的一切都了如指掌，他会尽其所能消除你的愧疚感。

斯宾诺莎在思想上的首要成就是解释了我们的人性机制，也就是我们的行为模式。星期六逛了趟宜家就变得闷闷不乐，正好就是这样的情况。为了让大家放心，他解释说每个个体都有"欲力"（conatus）的特点。不用惊慌，这个奇怪的术语并没有听起来那么可怕，因为它描述的就是一种冲动，一种引导我们在早晨起床时体验到存在感的喜悦力量。我们来稍微总结一下我们的问题。在斯宾诺莎看来，人是自然的一部分，而自然是由上帝创造的，所以，每个人都是神性超能力的代表。因此，我们充满了上天直接赐予的强烈能量，并决心誓死捍卫，不惜一切代价来保持这种能量始终如初。所以，"欲力"是我们的保护区，是禁止触碰的东西，我们也因此成为自然生物（而非电子游戏里的角色）。

"欲力"一词常常有另一个名字，念起来没有那么拗口，却更为大家所熟悉的名字：欲望。而在此时，斯宾诺莎摇身一变，成了一名优秀的治疗师。每逢下午购物时，我们愿意他的"播客"在我们耳边响起。在他的哲学中，欲望、食欲、意志、冲动成了放之四海皆准的价值观，它们构成了我们深刻的本性，并让我们活力四射。与欲望斗争毫无意义，而且也不可能摆脱它。因为正是这种欲望表明我们还活在世上。拥有欲望，与其说是一种缺陷，不如说是一则福音，它表明我们是人类社会 VIP 名单上的一员。

斯宾诺莎甚至写道:"欲望是人的本质。"欲望无法搁置,无法统计,也无法计时,因为欲望虽然只是渺小的"欲力",却绵延不绝。能够阻止欲望的只有死神,几近赤字的银行账户或是塞满东西的房子肯定对它无可奈何。欲望是我们生命的见证。不过请注意,光是站出来感受欲望是不够的,它不是以抽象的方式存在于风中。恰恰相反,欲望只有在各种情境中才能显现出来,比如去宜家商场,对着一包包纸巾浮想联翩。正是在这样的环境里,欲望才会汹涌澎湃,我们的思绪才会五彩缤纷。

按照斯宾诺莎的说法,如果你每周都有欲望,不管是为了一趟旅行、一杯咖啡、一次相会、一项活动,还是为了一件新品,那都不是你的任性面临失控,而只是你斯宾诺莎式的"欲力"在表达自己。这就是哲学家向我们传达的寓意。既然我们活在世上,表现出欲望也是很正常的。欲望也在努力让我们保持清醒,使我们成为神性的光荣代表。斯宾诺莎只是想剖析我们的冲动,他这么做几乎是无心插柳之举。他让我们不要自责,并告诉我们这一切其实都是好事。他提出这样的观点,使我们的压力顿时减轻了好几度。

但这还不是全部。斯宾诺莎十分乐于助人,他的存在也是为了向我们传递关于美德的宝贵建议,从而平息我们内心的风暴。注意,对他而言,品德高尚并不意味着每周做一次排毒治疗,不说你新同事的坏话,不跟着碧昂斯①摇头晃脑,或是不去瑞典商场买这买那。品德高尚其实是要真正了解我们的激情,理解我们身上的活力,能够明确我们的所爱。正是这种对现实和自己的倾听,能够让我们达到圆满,达到所追寻的安宁。贤者不是满嘴大道理的人,而是能够从他自身和周围事物中获取真正知识的人。他能理解什么在支撑我们,也能理解什么在压迫我们。滋生欲望是很正常的,甚至是有益的。但重要的是要学会识别它,以便在它出现的时候,我们不会那么烦心,也不会那么激动。若要成为有德之人,并不是要给自己的"欲力"套上枷锁,而是要让它成为自己生活中的常客。

你下次去宜家的时候,记得想一想斯宾诺莎。你要庆贺自己依然活蹦乱跳,依然欲壑难填。但你也要花点儿时间聆听自己的心声,问问自己是否真的需要正在购买的东西。若能如此,这一天肯定会在更加高尚的氛围中结束,而且少了很多痛苦。

---

① 碧昂丝(1981—),全名碧昂丝·吉赛尔·诺斯,美国女歌手、演员,获得过28座格莱美奖。

斯宾诺莎的哲学处方

◇ 欲望只是我们生而为人的证明,它是美妙生命力的表达,我们也因此每天早晨能从床上爬起来。

◇ 欲望不必抗争,它是不可抗拒的,而且永无止境。最好的办法是在它出现的时候,坦然接受它的存在,而不是为此心存内疚。

◇ 我们因为认识自己而变得更有智慧。世间万物都无可指摘,你只要知道你是谁,你要去哪里。要学会倾听自己的声音。

哲学家速写

巴鲁赫·斯宾诺莎（Baruch Spinoza，1632—1677）

1632年11月24日，斯宾诺莎出生于荷兰阿姆斯特丹，一生动荡不安。1656年，因其思想触犯教义，受到犹太社区责难，被迫远离家人生活。直到1677年去世后，他的专著《伦理学》才得以出版，并成为一本不可思议的畅销书。他的计划是构建一门实用哲学，可以让人安安静静地实现自由。作为重量级知识分子的个人发展先驱，斯宾诺莎质问自己：如何与吞噬我们、将我们与他人作对比的激情作斗争？充分彰显我们个性的快乐和欲望是什么？人如何才能摆脱被动，实现真正的活跃？所有这些都以系统的形式汇集在一起，融合了对上帝、大自然乃至几何的思考。斯宾诺莎是哲学领域里绝对不可错过的思想家。

克服情绪危机的必读书

《伦理学》（*Ethics*）

为了逃避审查，这部作品在斯宾诺莎去世后出版。他在书中以数学家的方式阐释了自己的思想，将彼此严格推导的命题联系起来。他依次研究了上帝、自由和激情，从而重新定义了何为"贤者"。

第 2 章

亚里士多德教你解宿醉

——总是信誓旦旦地要改掉坏习惯？

这一次，你在自己的书房里对着所有典籍发誓：你再也不会喝得酩酊大醉。你已经受够了那种仿佛受到重击的金属感，它让你的脑袋像世界杯决赛期间巴西足球场那般狂热，却毫无胜利之感。你不想隔天浑身难受，也不想再体会口干舌燥、不断呕吐、眼睛刺痛的痛苦。对你的朋友来说，你已经彻头彻尾成了一名电视剧中的人物。每个人都知道，这样的人物每晚都会在周围人瞎起哄的节奏中，一字一顿地说出"你——们——都——会——记——得——我"。

必须要说的是，在这些年里，你在各式派对的吃喝玩乐上耗费身心。你以为放荡不羁的行为颇有英雄气概，恣意妄为已然成了一种生活方式。茫茫夜色中，你戴着墨镜，把信用卡留在衣帽间里，不断大肆改写着自己的青春。派对仪式总是如出一辙，疯狂发短信找地方、找场所、找服装。然后，终于到了出门的时间。

你一副休闲懒散的穿着打扮,但只有安排妥当的人才能装出这副模样。喝下第一杯,进行几句社交式的寒暄,之后的谈话便直奔主题,眼见自己的英雄气概比莫吉托①中的冰块融化得更快。音乐响起,手臂举起,尖叫四起,湿润的气息,闪烁的灯光。周六晚上的狂欢,快乐至上,喝得多醉都无所谓。而且你早就声称,喝得酩酊大醉,走路跟跟跄跄,这也是一种舞姿。周日清晨,经常有人在快餐店门口看到你,等着店家开门买上一个汉堡,迫不及待地抓起就吃,因为你实在太饿了。在随后的几小时里,你试图在脑海里拼凑起昨晚的回忆。你故意遗漏那些最尴尬的时刻,那些你的幽默感成倍增长的时刻。你的周末时光如同坐过山车一般,夹杂着青春的兴奋和罪恶的沉沦,两者不断交替,连绵不绝。

然后,有那么一天,经过无数次循环往复的周末生活后,你决定要将这一切抛诸身后。周六晚上任性放纵,翌日清晨又变得楚楚可怜。在没完没了的老调重弹中,你认为自己已经收获了一种可以称之为"经验"的宝贵东西。你在你的放荡行为上画了一

---

① 莫吉托(mojito)是最有名的朗姆调酒之一,起源于古巴,一般由五种材料调制而成:淡朗姆酒、糖(传统上是用甘蔗汁)、莱姆(青柠)汁、苏打水和薄荷。

道不可磨灭的标记。事实上,你相信自己已经学会倾听内心的声音,你下定决心,不再仗着身体灵活便赤着膊趴在桌子上,而是要用来多多练习瑜伽动作。

你坚信自己能够成为健康生活的大师。你对无麸质饮食①情有独钟,正如你以前沉湎于放荡行为不能自拔一样。你的食谱里除了蔬菜,再也容不下其他任何东西。每天早上6点,你在晨跑前吃点蔬菜,打坐静思之后也会吃一点。你十分自豪地展示这种新的成熟,这种自我认知的进步。你相信自己正在体验一种全新的生活方式,一种与爱意和精油为伍的生活。那些颓废地躺在电视机前、消化前一晚疯狂的周日午后,都已经成为过眼云烟。

因此,当你收到一条短信,邀请你现在参加一场"盛大的派对",你不禁泯然一笑。生活仿佛在挑战你,让你证明自己已经通过考验发生了转变,证明自己现在可以抵制诱惑,即便在动荡时期也是如此。你接受了挑战,因为你想向周围所有人展示,你

---

① 无麸质饮食,就是严格戒断含有麦麸的食物,如意大利面、比萨、啤酒、燕麦、吐司、三明治等,甚至酱料、蛋糕、面包、饼干等精致食物,而改以马铃薯、玉米、蔬菜、肉类、豆类、坚果、乳蛋、海鲜、米类等为主。无麸质饮食主要用于治疗乳糜泻与麸质过敏患者,但也被一些明星及运动员当做减肥健身食品食用。

既开心又理性,既兴奋快乐又饮酒有度。你的第一反应是回复一条热情洋溢的短信,告诉他们你会准时赴约,但在午夜前一定要回家。从这一刻起,你往后的周六都将这样度过:把亲切交友与自我保护巧妙地融合在一起。简言之,这就是化智慧为行动。

你如约来到酒吧,眼睛里流露出自信的眼神,还略带那种懂得抵制各种诱惑的优越感。你从容不迫,很高兴以一种别样的方式感知欢聚的氛围,也十分清楚地知道你懂得辨别自己的善良。晚上11点,你仍然精力充沛,热情四溢,正和别人讨论着最新的饮食潮流。晚上11点30分,你准备去衣帽间取回自己的东西。突然,一位老熟人碰巧撞见了你,邀你去喝一杯,共同怀念"美好的旧时光"。在你和你的内心进行了一场有点激烈的思想斗争后,你得出结论,喝一杯金汤力①并不会动摇你的定力。毕竟,喝上几口绝对不会对星期天的生活造成任何危害。凌晨1点,你们六个人挤上了一辆出租车,来到了一个不知名的地方。这时,你试图说服自己,认为出点汗恰好可以实施这一周的排毒计划。3点钟,你站在桌子上,大声吼着夏季的流行歌曲,把眼前的每一杯酒都统统喝光。4点钟,

---

① 金汤力(gin tonic)是一款鸡尾酒,用金酒和汤力水调制而成。

你完全不知道自己住在哪里。5 点钟，你的决心就此埋葬。

周六的晚上有多荒唐，周日的早晨便有多凄凉。现在是下午 2 点 02 分，你躺在床上，恨自己又重蹈覆辙，计划惨遭失败。你感到天旋地转，内心泛起阵阵恶心。你违背了自己的承诺，又邂逅了以前的恶魔，陷入了内疚的深渊。你自以为获得的经验却溶解在鸡尾酒里。你没有听自己的话。酒杯仍然在你的脑海中叮当作响，它残酷地提醒你，在喝酒和成才之间，你必须做出选择。你感到恶心、疲惫、内疚，你愿意付出一切代价回到过去，愿意一整晚待在家里看纪录片。

亚里士多德怎么看？

史书上并没有说亚里士多德是否喜欢聚会。然而，可以肯定的是，在论及人的自尊和生活方式的问题上，他是一位真正的大家。这位古希腊最负盛名的哲学家之一，在写《尼各马可伦理学》[①]

[①] 《尼各马可伦理学》是古希腊哲学家亚里士多德创作的伦理学著作，约公元前 330 年成书。全书共 10 卷，132 章，探讨了道德行为发展的各个环节和道德关系的各种规定等问题。

时，给自己定下了一项任务：找到最好的行动方式。他的哲学是一种实用指南，他的伦理观是一种结果导向的道德观，也就是说，他在探究我们的生存目的是什么。一旦找到了答案，我们便能获取实现目的的钥匙。虽然周六晚上喝得烂醉如泥似乎不是生活的终极目的，也不该是大力推荐的目标。不过，通过亚里士多德的言辞，我们可以把这个悲情时刻变成一段经历，从而开启智慧之路。生活中的每个瞬间，无论有多么不堪，多么失望，都是我们认识自己的一个机会。他的思想如此鼓舞人心，所以能在两千五百年的时间长河里穿越种种罪恶传承至今，也就不足为奇了。

对我们一切行为产生必然影响的因素是什么？亚里士多德的回答可以归纳为几句话。因为在他的思想中，我们的终极命运被总结成一个珍贵的字眼："善"。不过要注意的是，在亚里士多德的思想中，"善"并不是一个遥不可及的概念，恰恰相反，他认为的"善"就是幸福，是幸福的同义词。简言之，伦理学的愿景就是人人与自己和谐相处。道德高尚并不是要剥夺自己与朋友出游的机会，而是要让自己拥有获得幸福的可能。虽然美德常常与纠结的态度有关，但亚里士多德认为美德仅仅表示"学会快乐生活"。

不过要注意的是，亚里士多德主张的幸福并不是身体的快乐，也不是社交的快乐，而是深思熟虑所带来的幸福，是贤者以勇气、节制、从容的态度恪守中庸之道的幸福。他描绘了一种真正的幸福，这种幸福不依赖变化无常的外部世界，而是栖居于我们的内心深处。他展示的生活方式非常理想化，让我们羡慕不已。既然如此，我们就想知道需要通过何种途径才能获取这样的生活方式。

若要获取亚里士多德所谓的幸福，那就得循序渐进，因为了解这种深度需要扎实的训练。真正的幸福需要品德高尚，而美德不可能在弹指之间就能彰显，它只会随着阅历的增长才逐渐显现。我们把这样的阅历称为"历练"，而历练本身也是由无数经验组成的。是的，经验就是最有用的钥匙。只有对生活中或积极或消极的经验善加利用，我们才会更加了解世界、了解自己，我们才会学会倾听自己的理性之音。因此，周日喝得酩酊大醉并非坏事，它让我们明白了一些事情，让我们向前迈出了一步，逐渐接受状态良好的自己。譬如，"历练"可以帮助我们在每次外出聚会时减少酒量，并且帮助我们在两杯下肚之后，可以清楚地知道自己应该上床睡觉还是到此为止。经验需要我们倾听内心，保持耐心，坚持不懈直到最后获得成功。

美德是一种持之以恒的生活方式，这一点我们必须明白。让我们成为更好的自己的不是内疚，而是我们从经历和挫折中获得的经验。我们不能奢望光靠几个决心或制订几项规定就能使自己成为健康生活的楷模。这样的经验永远无法得到。经验不是一个固定的点，而是一段路程，这段路程用坚韧不拔的努力来铸就我们精彩的人生。完美无瑕不是重点，重点是不要重蹈覆辙，而要保持不断进步。

在亚里士多德看来，美德介于知识和行动之间。一个人无论是否有放纵或错误行为，都要行动，要进步，要直面自己，要敢于尝试。这是一种积极作为的意愿，这样的意愿在不断的表达中变得稀松平常。亚里士多德因此说道："我们不断重复的行为造就了我们。所以，优秀不是一项行为，而是一种习惯。"下次再受邀参加聚会时，你不必在家躺平，但也不要明知故犯，拒绝金汤力酒。好好照顾自己，从而表明实践美德是快乐度过周日上午的最佳方式。

亚里士多德的哲学处方

◇ 生活的目标是幸福,幸福可以有多种形式:快乐、荣誉、荣耀等。不过最大的幸福只取决于我们自己。

◇ 要获得幸福,就要品德高尚,而这需要时间。

◇ 幸福的最大关键在于经验,它总是在构建之中。只有在生活、行动和犯错的过程中,我们才能发现自己的本性,才能充分发挥自己的理性。

哲学家速写

亚里士多德（Aristotle，前384—前322）

公元前384年,亚里士多德出生于基克拉泽斯群岛（Cyclades）的一个岛屿上。他自少年时代就开始接受哲学训练,十七岁时进入柏拉图学院学习。在希腊杰出思想的浸润下,他磨炼了自己的头脑,后来成为亚历山大大帝的导师。亚里士多德灵气十足,受人瞩目,他与自己的导师柏拉图渐行渐远,建立了自己的机构,他称之为"吕克昂学园"。他和学生在一起时,边散步边思索,以保持思维的灵活性。亚里士多德是一位百科全书式的全才,他徜徉在思想的世界里,思考的主题范围很广,横跨伦理学、逻辑学、政治学、医学、物理学等多个学科,甚至为其中部分学科奠定了基础。毫无疑问,亚里士多德作为知识界的超级达人,其思想不仅被译介到基督教世界,同样也深受阿拉伯世界的欢迎,至今仍是全世界知识分子的研究对象之一。

克服情绪危机的必读书

《尼各马可伦理学》（*Nicomachean Ethics*）

何为至善？至善就是幸福,但亚里士多德指出,人们在实现幸福的手段上存在分歧,因此,这部作品至今影响巨大。

第 3 章

学尼采，做自己
——究竟如何超越自我的极限？

在你的想象中，你抵达终点线多少次了？你的脑海里浮现出完整的影像：关节紧绷，肌肉发烫，眼睛全神贯注地望向远方，额头上渗出几滴汗水，一步一步，跑向前方，忘却了所有痛苦。之后，你终于到达终点，你双膝跪地，耳边响起看台上爆发出的阵阵欢呼声。《我们是冠军》[①]的旋律恰好契合了你此时的心跳节奏，你的身体得到了彻底解放，准备给那些受人仰慕的队友们一个激动人心的拥抱。在你的脑海中，这一幕常常以一个长镜头结束，镜头对准了正在接受采访的你，你的脸上流露出英雄们特有的谦逊之情。在英雄们的眼里，胜利只不过是一场简单的仪式而已。

---

① 《我们是冠军》(*We are the champions*) 是英国皇后乐队演唱的一首歌曲，词曲由乐队主唱佛莱迪·摩克瑞创作，于 1977 年发行。这首歌昂扬向上、震撼人心，因此被大量的体育赛事借用。

从你蹒跚学步时起,你就梦想成为一名出色的运动员,这样的梦你已经做过成百上千次了。闭上眼睛,你想象自己拥有传奇的职业生涯,无论是跑过的距离还是获得的赞助,你都是世界纪录保持者。但是有一天,你的脑海里突然冒出一个想法,你动力十足地要去跑你人生中的第一个马拉松,以便实现自己的梦想。你克服了内心的懒惰和恐惧,怀着跃跃欲试的心情填写了报名表。毕竟,距离你生命中的最大挑战和终极超越之间就只差一双训练鞋。

你下定了决心,内心激动不已,随即投身准备工作。你提前九个月就拟定好了马拉松运动员口中的"训练计划"。你聚精会神地进行着详细研究。你关注了"脸书"上所有的马拉松网页。看到有关能量胶[①]的一些评论,你颇为惊讶。你比较了不同类型的鞋底,耗费好几个周六的时间,从一位熟悉脆弱肌腱的销售人员那里了解到你步态的细节信息。你想成为最好的。不过,最重要的是,你表现出严明的纪律性,不惜作出牺牲,以减少与朋友们外出活动的频率。

[①] 能量胶,也被称为耐力胶、运动胶、营养胶和碳水化合物胶,是为运动提供能量并促进恢复的碳水化合物凝胶,通常用于诸如跑步、骑自行车和铁人三项等耐力赛事中。

数月以后，你感到一种无与伦比的自豪感，一种希望通过不断努力提升自己表现的自豪感。相较于你的股四头肌，更多的是你的"自我"在成长。你一直在运动，而且你知道，努力既困难又有益。但在这里，它还在发挥另一种作用。每次长跑过后，你的信心都会得到提升，你觉得自己变得更加强壮，所有的疑虑也烟消云散，你已然能把世界变成你的舞台。你的身体似乎充满了力量，你的思想也变得坚定无比。在完成训练计划之后，你每天都需要运动，需要把自身极限提得更高。每天，你都会像念咒语一般说道："我跑故我在。"看到智能手表上显示的数据，你很是满意。

九个月过去了，现在的你已经做好了充足的准备，即将成为一名真正的马拉松运动员。路线已经摸熟，跑鞋已经调好，音乐列表也已经编好，一切都让你冲劲十足。但就在你离巅峰只有咫尺之遥的时候，某种说不上来的沉重感左右了你的动作。你背部僵硬，举手投足之间给人一种奇怪的感觉，与希腊战士的风采相去甚远。薄荷膏无法缓解你的疼痛，系个鞋带就能让你感到头晕目眩。你不再是动作片的主角，而是在多家医院之间来回奔波的常客。在寻找你病痛的原因时，你发现了难以接受的真相。你的身体越来越差，任何训练或先进设备都无法减缓这个过程。你感觉自己很虚弱，像个冒牌货一样无助，深陷恐惧之中。简而言之，如果你仍然想按照计划，在热烈的欢呼声中到达终点，不想让你的梦想灰飞烟灭，那你的当务之急便是需要恢复征服者的心态。此刻的你需要一名专业教练。

尼采怎么看？

弗里德里希·尼采体质羸弱，健康欠佳，很难将他与"体育"一词联系起来，更不用说与肌肉发达宛如雕像、为自己的精彩表现欢呼雀跃的运动员形象联系在一起了。然而，尼采的思想里包含了许多关于超越自我的思考，其数量完全可以与他名字中包含的辅音字母数[①]等量齐观。

在聆听这位哲学家的教诲前，我们可以先讲一讲他思想发展的背景，这得从他对基督教的批评谈起。尼采对基督教一贯抱以批评的态度，这一态度贯穿了他的全部作品。因为在他看来，宗

---

① 尼采（Friedrich Wilhelm Nietzsche）的全名共由 25 个字母组成，其中 8 个元音字母，17 个辅音字母。

教只注重祈祷，它让天空的地位高于大地。它让我们偏离了生活的意义，迫使我们对自己的日常生活视而不见，因为我们只顾着仰望上天，却忘记了我们在此处的存在。不过这种情况越来越少，因为基督教正日渐式微。尼采甚至还提出"上帝已死"的论调。这并不是说无人再信仰上帝，而是意味着我们的价值观和行为准则不再基于信仰，也不再恪守约定俗成的道德。以信仰和服从为基础的体系虽有约束，却也让人放心。但问题是一旦脱离了这一体系，人就会放任自流，社会赖以建立的一切就会崩塌，而这势必造成不小的动荡。

正如我们所知的，价值观的丧失导致了虚无主义。"虚无主义"这个词常有讽刺之意，是"破坏"的同义词。而在德国思想家尼采这里，虚无主义的含义稍显不同，而且更为精妙。在他的笔下，虚无主义具有两种形式。第一种是消极虚无主义，是"这有何用？"的虚无主义。人失去了自己的基本架构，也就失去了信仰的力量。他不想树立任何原则，也不想构建任何价值。这样的虚无主义，当然要与之作斗争。这样的虚无主义，把我们推向完全不作为的境地，矮化了我们的人格。但在《查拉图斯特拉如是说》中，尼采也提出了积极的虚无主义，这才是我们的兴趣所在。

既然上帝已死,而且我们也失去了旧的价值观,那我们不妨用新的价值观来取而代之。对尼采而言,恰好可以从此处开始这项令人兴奋的重建工作。为了勾勒出新的道德蓝图,就有必要提升长期被教会蔑视的人类生活与世俗价值。然而,若要树立我们的思想,提醒我们注意人类生存的境遇,没有什么能比得上生机勃勃的生命。从这个角度来看,还有什么能比得上迎接挑战呢?

尼采揭示了这样一个事实:每个人的内心都蕴含着一种能量,它像马达一样,把我们推向更远的地方。这种能量就是他所说的权力意志:"我认为生命是一种成长的本能,一种持续的本能,一种力量积累的本能,一种权力的本能。哪里缺乏权力意志,哪里就有生命的衰落。"积极的虚无主义正是基于这种权力,比如它在体育中的体现。正是有了这种权力,我们将建立新的价值观。我们在比赛或考试前感受到的怯场,在障碍面前畏首畏尾,恰是被动虚无主义的表现,是诱使我们隔绝自己疏离他人的表现,这种表现让我们颓废萎靡、郁郁寡欢。相反,直面考验,生而有为,就是宣告自己的力量,彰显自己的活力。

对于权力意志,我们必须更进一步,除了要保留它,还要不断增持它、挑战它,因为正是通过不断训练我们内心的这种力量,我们才达到了超人的境界。请注意，尼采口中的超人并不是一个完美的人，也不是一个根据优良基因挑选出来的人，而是一个追求的理想目标，以便展现人类最强大、最光辉的品性。正是渴望成为超人，个人才能学会超越自己。正是在决心超越自己的恐惧、习惯和安逸时，我们才会释放出内在的生命力量。只有这样，我们才会强化生存的乐趣，抛弃削弱我们的东西。一些之前被忽视的价值得以显现：快乐、严谨、勇气、力量。这些价值并非来自上天，而是靠我们的努力获得。挑战就是一座竞技场，我们在那里庆祝自己重新树立的原则，感受自己积极的虚无主义发起的激烈斗争。我们放弃怠惰、冷漠、恐惧，只为让自己活得精彩。

即使这场斗争时时会经历困境，即使消极的虚无主义企图赶上我们，你也绝不言弃。你已经经历了最困难的时刻，现在你只需把自己最好的一面展现出来。想想你人生的一幕幕场景，俯瞰脚下而非仰望天空，努力成为你引以为豪的超人吧！

尼采的哲学处方

◇ 与其实践现成的价值观，不如定义自己的价值观，听从自己的本性，这一点很重要。

◇ 每个人的内心都有一股有待成长的能量。

◇ 成为超人并不是为了名垂史册，而是要学会超越自己，成为自己真正想要成为的人。

哲学家速写

尼采（Friedrich Wilhelm Nietzsche，1844—1900）

1844 年，弗里德里希·尼采出生于普鲁士的洛肯村。童年时期，他的学业成绩十分出色，却饱受生活中种种苦恼的折磨。他对知识的渴求使他对诗歌产生了浓厚兴趣，并进入最好的学校就读。他在二十四岁时成为巴塞尔大学的语文学教授，他整天沉浸在古文文献中，从事详细的文本分析。他对古希腊文化如痴如醉，从中看到了他这个时代令人难以置信的灵感来源。他痴迷于构建现代化的德国文化，发表了大量作品，严厉抨击基督教和传统道德。他在基督教和传统道德里看到了对生命的否定和对永久约束的赞美。在他生命的最后十年，健康恶化，陷入疯狂，他精神错乱的程度与他哲学深邃的境界难分伯仲。

克服情绪危机的必读书

《查拉图斯特拉如是说》（*Thus Spoke Zarathustra : A Book for All and None*）

查拉图斯特拉既是诗人又是先知，他先是退隐山林，之后下山劝说世人拒绝生活中一切受苦而非渴望的东西。一心盲从约定俗成的道德，只会麻痹欲望、减少快乐、降低创造力。超人是既能够听从本能，又能够掌控本能的人。

第 4 章

走进伊壁鸠鲁的花园，不看突发新闻

——面对纷繁芜杂的世界，我该如何坚持自我？

若要化解上班一周后的劳累与紧张，能有什么可以比得上和三五好友共度周末呢？周五晚上，你开车堵在路上，一边听着音乐，一边闻着尾气，你的嘴里已经轮番吐出与休闲有关的各种词汇。条纹躺椅，启迪心灵的读物，宛如瑜伽大师一般舒展的早晨，美味可口的晚餐，慷慨激昂的讨论。你已经准备把自己送往另一个世界。在那个世界里，没有做不完的文件，也没有超市购物的活动，而是拥有平静与愉悦，真正的奢华就是尽情遨游在这两者之间。你对假期的需求已经急不可待。你手握方向盘，向发起活动的组织者表达谢意，每次望向道路指示牌时都会洒下感激之情。和往常一样，你关掉了收音机，免得播报的新闻给你带来压力，你更喜欢听让你思维愉悦的宁静音乐。夜深人静时，你终于来到了目的地。你的行李和你的内心都充满了与人分享的爱意，而你疲惫的身躯却只想躺在和你的未来一样温柔的床上。你入睡时只有一个愿望：让自己的思绪放缓，欣赏五彩斑斓的树木，呼吸神清气爽的空气，所有的烦恼与不快都消失得无影无踪。

因此，你带着灿烂的笑容来到餐桌前，很高兴能与好友们共进早餐。接着你的微笑变成了一丝苦笑，因为你注意到，他们中的大多数人一只眼睛闭着，另一只眼睛盯着手机屏幕。他们一边喝着自己的杯中之饮，一边用拇指上下滑动，翻阅着最新新闻，并加以自己的评论。从果酱面包到悲剧新闻，转换过程十分流畅，堪比咖啡馆里的聚会聊天。一杯茶都还没有喝完的工夫，你就已经知道了两架飞机失事，一只海豚不幸在海滩上搁浅，还了解到好几起政治和金融丑闻。虽然你感觉自己的灵魂被这些扑面而来的新闻累弯了腰，而且自己清晨醒来就听到这些似乎太不吉利，但你依然在尽力保持好心情。你可是在和一帮你喜欢的好友们共度周末啊！不管怎样，即使你觉得他们一早起来就痴迷新闻显得相当无聊，但也不至于破坏你的幸福感。

然而，在你准备午餐的时候，情况似乎变得更糟，因为你的童年伙伴决定列出混合沙拉里所包含的所有可能引发危险的成分。他用眼花缭乱的花哨称谓、化学术语以及从网上搜罗来的一连串证据，向你描绘了一幅充满妄想的偏执画面，把看似无害的食物变成了一个连环杀手。对世界的恐惧已经取代了本性中对神灵的恐惧。每样东西都成了恐惧的对象。你听了这番话，胃里翻江倒海，至少你的大脑已经被搅得不得安宁。最后，你完全没了食欲，便和另一位同伴去散散步。而你却忘了这位同伴对阴谋论的热情，真是忘得太快了。于是，在海边吸了两口海风后，他东拉西扯了一系列错综复杂的假设，雄心勃勃地想证明外星人肯定掌握着核密码。你已经要喘不过气来了。海碘和海雾也保护不了你，让你不被窒息而死。你可以肯定的是，你的脖子僵住了，头也一直疼，这不能怪哪个阴谋，而是所有这些不绝于耳的有毒词语所造成的后果。在开胃酒会上，一幅恐怖的景象进入了你的眼帘：你的朋友们沉迷于连续播报的新闻频道，沉迷于时事快讯，沉迷于各类警报。他们举着"随时掌握消息"的幌子，双眼紧盯手机屏幕，简直是当代文明苦难与坠落的最佳写照，而你对此却无能为力。大家一边推杯换盏，一边说着令人焦虑而又令人欲罢不能的故事。这些故事非但没有引发你的共鸣，反而让你陷入苦恼，让你的幸福化为泡影。

不得不说，很长时间以来，你一直对大街上张贴的头条新闻视而不见，你更醉心于欣赏建筑外墙上或灯火璀璨的楼宇大厅里的某处细节。你觉得有必要保护你的心情，让它远离超级亢奋的屏幕、危言耸听的新闻和宣扬世界末日的推文。你已经练就能说会道的本领，巧妙避开被媒体炒得过热的话题。但似乎在这里，你已经放松了警惕。这个周六的晚上，沉浸在这没完没了的"突发新闻"中，你仍然默不作声。如若告诉他们，你根本不想让这些新闻给自己添堵，那他们多半会认为你是个只会逃避的自私自利之人。突然间，你又怀念起拥堵的马路、此起彼伏的汽车喇叭声和难闻的汽车尾气，它们是如此静谧安宁，更像是你的梦中花园。如果你想不到更明智的周末度假策略，那你只能另找地方躲一躲了。

伊壁鸠鲁怎么看？

提到伊壁鸠鲁学说，我们立刻会联想到讨论夏季生活的娱乐周刊封面。据称，伊壁鸠鲁赞美享受、娱乐甚至是纵欲狂欢，在后人眼中，他被视为倡导快乐和轻松生活的精神导师。但是，尽管他名声在外，不过我们必须承认，伊壁鸠鲁派的弟子与喜欢吃喝玩乐的享乐主义分子毫不相干。因为即使这位希腊哲学家在他的花园里实践他的思想,并向一群三教九流之人讲课布道,他的学说也远远不是纵欲放荡的生活艺术。恰恰相反,这一学说的宏伟愿景是为了好好生活,而不是随便乱来。

优雅地躺在古老长椅上的伊壁鸠鲁,他想定义的不是一个概念,而是一种生活方式。希腊智慧是一门艺术,涉及人的方方面面。做一名哲学家并不是为了收集知识,以便在晚宴上显得有文化,也不是为了成为只会引经据典的专家。对于古希腊研究者,特别是对于伊壁鸠鲁而言,教育只是为了让我们变得更好,让我们不断进步,也就是为了快乐。不过,快乐在他看来,首先意味着安静。也就是说,享受宁静,享受时光,享受朋友,享受思想,享受自然。快乐不需要用或多或少已被证实的灾难或惊慌来扰乱我们的心境,否则只会平添焦虑。

根据伊壁鸠鲁的学说,幸福是由那些不会损耗幸福的东西所构成的。幸福是指身体没有任何痛苦,即处于一种"无痛苦"的状态,灵魂也没有任何烦恼,即称为"无烦恼"。身体和灵魂的安宁,"无痛苦"和"无烦恼",这是获取快乐的两条必经之路。不妨想一想,如果你消化不良,如果你想到火星阴谋论可能引发的恐慌,你确实很难说自己是十分快乐的。当你外出度假时,"无痛苦"和"无烦恼"就成了一对相伴你左右的好伙伴。不过就像所有亲切可爱的朋友都来之不易,遇到这对好伙伴也并非易事。

但是,伊壁鸠鲁堪称足智多谋,为了保证这项完美的"幸福计划"取得成功,他首先列出有哪些因素会阻碍这份"众里寻他千百度"的安宁。在所有日常生活、周末生活和全部生活的最佳杀手阵容中,他立刻注意到恐惧以及恐惧的种种形式:对命运的恐惧,对死亡的恐惧,对痛苦情感的恐惧,对不幸的恐惧。我们可以看到,历经两千三百年,除了一些细微的差别,我们仍然在同一片困惑之海中苦苦挣扎,只不过我们因为媒体的大肆渲染而更加焦虑不安,我们的恐惧被投射在增强现实中。那么,我们如何才能避免在困惑之海中溺亡呢?显然伊壁鸠鲁能帮助我们走出困境,保持内心的宁静。首先,我们要花时间反思我们的恐惧,细心观察,找出原因,面对种种凡事,当舍则舍,要留而留。

此外,伊壁鸠鲁试图用缜密的逻辑分析来探究我们焦虑的原因。对命运的恐惧是毫无根据的,因为一切都受到某些超越我们的物理现象的支配。恐惧死亡是没有用的。一方面,无论怎样,人都难免一死。所以与其折磨自己,不如大方承认。另一方面,不要害怕、思考那些身后之事。痛苦的情感总会消失,在此期间,最好的办法是记住美好的时光。对于不幸的恐惧依然存在，这种恐惧集中了人的全部注意力。因此，只要有一个行动计划，减少对外部世界的依赖，能够知足常乐，便能让我们充分享受人生的乐趣。伊壁鸠鲁敦促我们珍惜幸福的点点滴滴，享受自己的所爱，把握好每个机会，比如在海边度假的机会。他的理想是人的言行只受简单欲望和极简风格的引导。无论在思想上，还是在装饰艺术上，宁静往往都拥有永恒的基质。如果我们关注的对象是自己真正的需求，而不是新闻频道的信息，那么我们的私密花园就会成为一座宫殿，"无痛苦"和"无烦恼"便是宫殿的主人。

从这个角度来看，观看太多乱七八糟的新闻只会平添很多无用的痛苦，而这些痛苦本来是可以避免的。媒体的狂热激发了毫无缘由的恐惧，因为我们对这些恐惧并没有采取任何行动。我们没去拯救搁浅的海豚，也无法抓住即将失事的飞机。任由自己的内心被外在世界占据，并不意味着帮助他人，反而让自己遭受了额外的痛苦。这非但不会提升我们的感性意识，反而会使我们无法专注人生的机会，无法专注此时此地的机会。懂得保持距离，敢于打断让我们焦虑的话题，关掉广播和电视，放下手中的手机和平板电脑，这便是让自己充分意识到自己生而为人的可贵之处。

如果下一次你的朋友们一边喝酒一边讨论可能出现的悲剧场景时，那请你不要保持沉默，要听从伊壁鸠鲁的肺腑之言。不要躲在一边，而要挺身而出，重点聊一聊这星期让你快乐的每一件事。

伊壁鸠鲁的哲学处方

◇ 智慧是大家在日常生活中都应该具有的态度,而不是大思想家们所专享的东西。

◇ 恐惧让我们不快乐,但我们往往会毫无缘由地恐惧。

◇ 幸福,意味着关注我们周围的简单事物,懂得欣赏它们,知道我们生而为人的快乐。

哲学家速写

伊壁鸠鲁（Epicurus，前341—前270）

公元前341年，伊壁鸠鲁出生于萨摩斯。少年伊壁鸠鲁在课堂上质疑混沌学说，但对老师的回答不甚满意，便下定决心学习哲学。他性格叛逆，靠自学成才。他一边学习，一边过着节俭的生活。在他的脑海里，吃的东西只要能维系基本生存即可，这与享受生活的形象相去甚远。三十五岁时定居雅典，他在那里买下一座花园并将其改造成研究中心。作为一名受人爱戴的老师，他带领弟子们致力于研究物理学，认为我们遭遇的一切肯定与神灵无关，而是来自以某种方式坠落和排列的原子。伊壁鸠鲁是一位著作等身的作家，据说他写了三百多部作品，但其中只有少量信件留存至今。我们知道，他的道德观基于一个伟大的理念，即减少恐惧，让宁静成为打造快乐人生的沃土。这是一份具有里程碑意义的纲领，也是一股具有巨大影响力的思潮。

克服情绪危机的必读书

《致美诺西斯的信》(Letter to Menoeceus)

这是真正实用的幸福指南。伊壁鸠鲁给他的年轻弟子写了一封信，这封信成为伊壁鸠鲁学说最著名的总结。他以教育家自居，并构建了一套方法，其原则时至今日仍不过时。

第 5 章

与柏拉图来场闪电约会

——爱情让我神魂颠倒、迷失方向？

心悸、胃痛，电脑前肆意泛滥的思绪，不大靠谱的承诺，辗转反侧的夜晚，眼睛紧盯手机屏幕，检查是否有新的短信等等。你这副多愁善感的举动已经表现了无数次，从相遇到约会，信念却依然坚强。你的生活看起来像一部浪漫的喜剧，少了皆大欢喜的结局，却多了编剧的优柔寡断。有人说，你是那种为爱痴狂的人。还有人说，你总令人失望，让人难以忍受。要么因为你要求太高，要么因为你缺乏个人魅力。所以说，究竟是哪种看法，得看对方喜欢你的程度。每个人都对你指指点点，认为你在寻找一位虚幻的白马王子，认为你无法接受现实，认为你和父母待在一起的时间过多。你听着这些评价，绝不敢回应说这些揣测都是空穴来风。因为你很清楚是什么把你的内心搅得天翻地覆。在经历了一连串的失望、沮丧后，还在坚持参加各类闪电约会和组织的联谊活动，正是因为你的内心还充满希望。你深信：总有一天，一位合适的人，一位正好可以满足你的人，会出现在你的面前，宛如黑夜中的一束光芒。你的能量来自每一次会面所包含的可能性，来自内心的一声"要是……"，这份心声让你渴望了解对方，更重要的是，让你想象彼此共度一生。

正是带着这样的憧憬，你去赶赴这场由几条措辞腼腆的信息促成的约会。要见的这位幸运儿，是从亲朋好友提供的一长串名单里挑出来的，他们这么做并非出于怜悯，而是与你感同身受。这位幸运儿其实是一位远房表哥的朋友的朋友，他需要对这种常见的做法做出回应。显然，你做好了精心的准备。你既考虑了自己的装束，又考虑了可能聊起的话题。你对自己要说的话字斟句酌，就像在准备一场职场面试，渴望得到的可不仅仅是一份见习工作，这不禁让你觉得暗自好笑。你温柔地想着自己闪亮登场的方式，想着自己了解对方的时刻，想着自己充满好奇心的瞬间，手势的控制，话语的升华，掩饰现实的轻微倾向，这一切向你表明他简直就是一位滑雪冠军，而实际上他正在蓝色雪道[①]上发愁。你打量着他，心里想着魅力法则，想着对方在拆开礼物时渴望在

[①] 法国滑雪场的雪道通常用绿、蓝、红、黑四种颜色标记，表示由易到难的四个等级。

对方的眼神里看到奇迹般的快乐光芒。随着约会的临近，你放慢了脚步，细细品味着双方狭路相逢前的分分秒秒，而这之后，神秘感就会幻化成有着血肉之躯和丰沛情感的某人。

这一刻终于来到，先是心动，再是拥吻。你有点不自在，两片肌肤碰在一起，让你有点不舒服。它们之间熟悉的程度并不甚于它们的两位主人。你坐了下来，有点尴尬，只能憨憨地笑着。你选了一种听上去很性感的饮料，即使它让你感到反胃。你含混不清地说着有关装饰的话题，不停念叨着昏暗米色墙壁的新颖之处。在内心深处，你在祈祷魔法会起作用，祈祷具有"一见钟情"魔力的仙女会让你成为他的意中人。你让自己的心绪平静下来，集中精力寻找你们之间的相似之处，寻找能使他成为你未来的另一半，成为你人生中必不可少的那一位的元素。

你竖起耳朵听他讲每一句话。但当你集中注意力时，其风险在于它会让你对一系列之前不愿多加关注的事情提高警惕。因此，尽管你很兴奋，你还是认识到重复说起一个字眼，即使只是习惯性的口头语而已，也非常烦人。你意识到，如果你对某人一无所知却不提任何问题，这会被视为一种严重的自我中心主义。不过，你还是想表现得大度一些，觉得腼腆有时会导致一些俗里俗气的言行。但是，当你听他讲一个回旋镖冠军的黑暗故事，喋喋不休连讲三个小时之后，你已经筋疲力尽了。你又喝了一杯鸡尾酒，才有力量坚持下去。虽然你装作很感兴趣的样子，也说了很多"哦，是吗？哦，哇，这太不可思议了"，但是你再也受不了了。显然你们没有任何共同点。你对恋爱的美梦变成了怨恨。他能成为你另一半的唯一一点就是各自买单。

虽然你对此可能早已习惯，但你体内突然涌起巨大的疲惫感，怀疑这一切是否值得。你几乎要缴械投降了，甚至想拿起武器跟代表爱神的维纳斯、丘比特打上一仗。你的朋友可能说得对，任由自己淹没在幼稚的浪漫主义中，确实很荒唐可笑。但在回家的路上，尽管刚才发生的一切让你冒出在修道院孤零零过完余生的念头，不过你却依然感觉有一束奇特的微光在心中轻轻摇曳，而这显然不只是鸡尾酒就能造成的。经历过这样惨痛的失败，你却依然心怀希望，相信在下一个转角能遇见你未来的所爱，你该如何解释这样的心情？只有你这个彻彻底底的傻瓜，才会一直相信？你需要听人解释来宽慰你的内心。

柏拉图怎么看？

很难想象，柏拉图的大名常常与精神恋爱联系在一起，而他本人却会帮助我们捍卫春宵一刻的激情和对男欢女爱的渴望。然而，柏拉图给了我们一个解放性的说法，这使得对爱的追求成为一个更加合理的愿景。

在柏拉图的作品《会饮篇》中，这位哲学家将他的对话场景设置在一场热闹的晚宴中，希腊上流社会的八位人物会聚于此。因此，大家在会饮之中展开了对爱恋关系和爱情的思辨。

透过诗人阿里斯托芬[1]的话语，读者了解到人们在非常遥远的古代是如何生活的。他说过去有三种人，男人、女人和雌雄同体的阴阳人。他们都有四条胳膊、四条腿和两套生殖器。他们生活在完全的幸福之中，满足于自身的完整性。

这些奇怪的肉球[2]因为这样的完美感觉而显得洋洋得意，觉

---

[1] 阿里斯托芬（Aristophanes，约前446—前385），古希腊早期喜剧代表作家，同哲学家苏格拉底、柏拉图有交往。相传写有四十四部喜剧，现存《阿卡奈人》《骑士》《和平》等十一部，有"喜剧之父"之称。

[2] 根据《会饮篇》的描述，这些人腰和背是圆的，头和颈也是圆的，形体状似圆球。

得自己没有任何不足，就想上天去和神灵竞争，甚至想取而代之。当宙斯看到他们越进他的王国时，显得非常生气。盛怒之下，他想消灭人类来进行报复。不过，他觉得如果人类完全消失了，就没有人崇拜他了。于是他决定把人类切成两半，每边保留两只胳膊、两条腿和一套生殖器。然后他要求俊美之神阿波罗把他们的脸翻过来，把他们的肚子和肚脐缝在被撕裂的一边，这样他们看上去更有模有样些，而且他们的伤疤也会提醒他们不要太自命不凡。从此以后，强大的肉球消失了，他们的傲慢也被碾压殆尽。原始人的数量增多了，但他们的力量被严重削弱了。更重要的是，他们由于另一半不在身边而表现得心烦意乱。柏拉图描绘的神话以这样的人类形象结束。从此以后，人类注定要为寻找自己的灵魂伴侣而四处漂泊。

一心寻求完满的半个圆球，就是我们期待爱情邂逅的真实写照。柏拉图认为，从远古时代起，爱的萌芽便根植于每个人身上。在阿里斯托芬的神话中，它不仅仅是情感或是浪漫的冲动，还是一种使我们感到"圆满"的感觉。通过阿里斯托芬的神话，柏拉图想让我们明白，希腊语中的"爱"（eros）是那种将我们古老本性的各个部分结合在一起的力量，它试图将两个生命合二为一，缓解我们因被分离而产生的绝望之情。我们每个人都是另一个人互补的另一半。正是因为我们心中铭记着这种对完整的渴望，我们才会不断地追寻它，哪怕经历再多的失败也无法熄灭实现它的愿望。只要我们还没有找到自己的灵魂伴侣，我们就会继续寻觅，从约会网站到好友婚礼，无论在哪里，我们都会聚精会神地寻找那迷途的另一半，即使这意味着测试、徘徊，甚至是错误，也在所不惜。你可能偶有沮丧，但内心总会泛起美妙的憧憬，希望找到那位女人或男人，让你宛如重获新生，让你终于能和自己和平相处。

　　下一次你的那位远房表哥想给你介绍对象时，如果你不听朋友劝告热情地一头扎进去，千万不要觉得自己很傻。相反，你要准备好你的最佳台词，表现出你的最佳仪态。请记住，正是在这种不屈不挠的希望中，才有可能重新获得我们所失去的东西。你并不滑稽可笑，只是颇具柏拉图遗风。

柏拉图的哲学处方

◇ 爱是我们找到另一半时所感受到的情感,另一半是能让我们感到完整和安宁的人。

◇ 欲望可以促成这场寻找灵魂伴侣的活动。

◇ 希望不是虚幻的,它让我们锲而不舍地寻找与我们心心相印的人。

哲学家速写

柏拉图（Plato，前 427—前 347）

公元前 427 年，柏拉图出生于雅典，接受的是上层社会的贵族教育。作为苏格拉底的学生，他决定以他的导师作为主角编写对话。在他看来，对话这种特殊的哲学形式有利于读者的思考，读者因此不得不直面这些以互动方式提出的生动问题。话题内容几乎无所不包，从政治到爱情，还频频引用神话，揭示看得见的感官世界与思想世界之间的区别。狄奥尼索斯一世统治时期，柏拉图曾旅居西西里岛，但他最后还是因厌倦宫廷生活逃离了那里。他乘船离开，途中遇到风暴，只好停在埃伊纳岛[①]。他在那里被卖作奴隶，后来在一位朋友的解救下才重获自由。之后柏拉图创建了一所学校，即柏拉图学院，亚里士多德曾经就读于此，并成为一名哲学大师。

克服情绪危机的必读书

《会饮篇》（*Symposium*）

苏格拉底和其他宾客在一次盛宴的推杯换盏中，决定轮流发言，各自给爱情下定义。

---

① 埃伊纳岛是希腊的一座小岛，位于萨罗尼科斯湾。

第 6 章

帕斯卡告诉我们：
人终有一死

——时光匆匆，我想青春不老！

自从有记忆以来，你赴约就从来没有准时过，不是到得太晚就是到得太早。你自诩是时间的主人，可以随心所欲地加快或减慢时间。当你听到身边人焦虑地谈论时光飞逝、容颜衰老时，你却并不担心。你并不害怕变老，因为你认为这方面尽在掌控中。当你有了决定，也许也会有白发，但这并不在现在的计划里。你穿着一双和十五岁时穿过的一模一样的运动鞋，你出入的潮店一个比一个酷，你的青春永远不老！

　　因此，当你出差入住酒店并在前台签名，你把自己的名字缩写签在了"日期"栏里，而不是签在入住表格的"签名"栏里时，你依然保持着完美的镇静。这样粗心大意的错误，肯定是出差时的工作压力造成的。接下来的一周，面对一部精彩的立陶宛电影，你却看不清上面的字幕，你把这归咎于字体设置的问题，确实很难看懂。又过了几周，你去看医生时，却没有认出当时在对面人行道上向你挥手致意的朋友。毫无疑问是过度劳累所致。你对此并不在意，但对这一连串的表现失常还是颇感惊讶。你在记事本上记了一笔，提醒自己务必留出一个周末放松身心。现在还不到时候，此刻你还在继续坚持，因为你要操心的事实在太多了。

之后，某个早晨，残酷的真相突如其来，让你猝不及防。你坐在办公桌前，却读不了眼前的电子邮件。之前你的视力堪比航空公司的飞行员，现在却把你引向坠机的深渊。你已经厌倦了寻找各种借口来掩盖难以想象的现实：你必须戴眼镜了。因为随着年龄的增长，你的视力显著下降。这让你颇感震惊，虽然你一时很难相信，却也不再矢口否认了。这样的事情怎么会发生在你身上呢？你想到了你的父母，他们经常把东西忘在咖啡桌上或手提箱里，出于无奈，只好让你替他们看菜单。你还想到了你的小学老师，你觉得她有点太严厉了，逼得你把她的眼镜藏了起来。这一切都不是你这个年纪会发生的事，那时的你几乎正处在豆蔻年华啊。

当然，事实太让人接受不了，你很快就要考虑戴上隐形眼镜，这是一副社会能够接受、内心可以忍受的伪装。你每天早上试着把一根手指放入眼睛里，结果让人很不舒服。最终，你患上了过敏症。不管怎样，你明白让你感到头晕目眩的并不是你的眼眶，而是需要矫正视力的想法。所以，你下定决心去找眼科医生，却隐约感觉他十有八九会向你推销丧葬保险。你怔住了，不知如何是好。你一向都能设定自己的步伐，在生命的岁月中劈风斩浪，但如今这副眼镜却剥夺了你的权利，让你体会到无法管理个人行程的无奈。时间在背叛你，它在悄悄溜走。

从那时起，你就觉得脚上的运动鞋穿着不舒服，尽管还是一样的款式。鼻架上的延伸物迫使你思考刚刚流逝的岁月。由于迟迟不愿面对自己容颜老去的事实，现在反而觉得自己已经早早衰老，甚至都出乎你的意料。你的脾气一向很急，现在却想让这个你不知如何对付的时间慢下来。突然间，你觉得自己衰老了、虚弱了，浑身都是病痛。你开始仔细查看脸上的细纹，以地质学家般的注意力来观察你皮肤表面所有的皱纹。你不想再迈出家门半步，过去让你怀念，未来却毫无希望可言，电影里的任何内容你都无法理解。你身上到底发生了什么？曾经受你摆布的时间，现在转而对你进行报复了吗？很明显，需要有人来帮助你调整钟摆，让时间走得更准确。

帕斯卡怎么看？

十九岁时，布莱瑟·帕斯卡发明了一台可以进行加减运算的计算器，操作时只需转动齿轮即可，所以，对他而言，把数字换成年份并不十分复杂，而且可以帮助我们更好地看清我们的人生账本。因为在他的《思想录》中，人与时间的关系具有极其重要的地位。

他的态度十分明确：人并没有活在当下。我们设法记住过去，或为未来制订一项征服计划，但我们却抛弃了当下，这令人困惑，仿佛活在当下真的是属于那些无所事事的人。所以当我们每天都在迟到早退时，我们从来都没有合拍过，无法看到时间的本来面目。但当脸上爬上一条皱纹或是需要戴眼镜的时候，我们就会悲伤不已，提醒自己应该好好品味时间。为了纠正这种倾向，我们首先要了解我们为何如此痛苦。我们为何如此想逃离当下？这位法国哲学家解开我们的心结，希望能找到阻碍我们齿轮转动的那粒沙子。

首先，帕斯卡会探究一下欲望。事实上，我们如此希望体验不可思议的事情。我们对自己的大部分计划都寄予了如此多的厚望，以至于当它们有朝一日成为现实时，与我们的欲望强度相比，它们却往往显得非常令人失望。如同我们为一个惊喜期待了好几个月，最后却没有达到我们预想的效果。当下让我们感到有些沮丧。为了应对这种状况，我们宁愿一边活蹦乱跳，一边考虑新的未来，创造一种娱乐至死的假象。我们加快脚步，匆匆向前，远离这个让我们倍感失望的当下。我们加快了日常生活的节奏，免得自己过多地纠缠于它的平庸和让我们受伤的欲望。这个想法就是要再次成为自己命运的主宰者。

在这里，我们拒绝当下，因为我们发现它令人失望，但帕斯卡提出了另一个实例，和第一个实例一样常见。当我们发现经历过的那一刻太棒了，太完美了，我们觉得这样的惊喜才是理想中的成功时刻。也许是太多了，因为得到满足的欲望和受伤的欲望一样，是复杂的体验。帕斯卡强调了人性有多么反复无常。当一切顺利时，我们便想定格这种幸福感和充实感，但这又是不可能的，所以我们没有享受这样的想法，反被它吞噬，我们生活在对时间流逝的永久焦虑中。我们没能享受幸福的生活，因为我们对沙漏感到无能为力，因为我们已然知道故事的结局。

总之，我们永远都在烦恼。当下的时间，无论它是令人沮丧的还是美好动人的，都成了我们所有苦恼的来源。问题是，这样的态度导致我们在现实中没了立足之地。我们不清楚自己是谁，正在经历什么，有多大年纪。如果没有标记，也没有对我们生命阶段的认识，那么一副眼镜就是一个提醒，意味着我们想要逃离的一段令人不悦、让人焦虑的迫切事实。那该怎么做呢？宁愿湮没在忙忙碌碌中还是准备自己的葬礼？幸运的是，帕斯卡还有另一个选择。

时间的重要之处在于它会流逝，但它会保持不变，因此，我们改变对时间的态度永远不会太晚，而这正是帕斯卡提出的。既然人终有一死，那么挣扎就失去了意义，不如让我们把所有的精力放在眼前的行动上。我们没有掌控时间，但我们掌控了使用时间的方式。我们无法不戴眼镜，但我们可以直面我们正在经历的事情。例如，如果当下是令人失望的，那我们就让它精彩一点。反之，如果当下太过幸福，那就让我们停止脚步沉思片刻，让快乐在我们心中蔓延。

变老，是为了让我们能够自我调节，接受时间不受我们控制的事实，但我们可以控制自己的行为。其实，变老意味着不是要给我们自己而是要给当下做个"美容",根据其缺陷注射"美容针"。所以不要绝望,而是要选好漂亮的眼镜架,戴好眼镜,因为你终于可以远离模糊,清楚地看到现实的曼妙身姿。

帕斯卡的哲学处方

◇ 我们没有活在当下，要么害怕失望，要么害怕时间过得太快，所以时间在不知不觉中溜走了。

◇ 我们不应该害怕当下，因为我们的精彩生活就在当下。

◇ 变老是个好消息，因为随着年龄的增长，我们学会了成为当下的积极参与者，并能享受当下。

哲学家速写

帕斯卡（Blaise Pascal，1623—1662）

1623年，帕斯卡出生于法国克莱蒙费朗，从小就是有着极高天赋的孩子。在父亲的激励下，他涉猎广泛，尤其爱好自然科学和数学，这两门学科成了他的毕生所爱。之后他潜心研究基督教。帕斯卡是计算器的发明者和概率论领域的先驱。在三十岁时，他整个脑袋都被数字占据，为此生了一场大病并伴有幻觉，病因不明。这段经历使他专注于宗教研究，并开始了他的哲学思考。他认为人是悲伤的个体，只有与上帝恢复联系，才能觅得内心的安宁和真正的幸福。他体弱多病，不得不长期忍受病痛的折磨，这在很大程度上拖累了他的写作。他主要的两部作品在他逝世不久后出版。帕斯卡英年早逝，一如他年纪轻轻便早早展露出才华一样。

克服情绪危机的必读书

《思想录》（*Les Pensées*）

如果缺乏宗教情感，人就会游戏人生，以为因此能忘却自己的悲情生活。然而唯有通过灵修之路，人才会变得平静，走上幸福之路。

第 7 章

服用镇静剂，
不如听列维纳斯一席话

——家里的"小恶魔"

如何才能变回"小天使"？

  你把它珍藏在抽屉的一角,每次打开抽屉寻找即时贴时,便会瞧见这枚护身符。每当你的目光落在上面,你的眼里都充满了温情,你抚摸着当初匆匆剪下的带子,对着塑料包装陷入了深思,如同电影院的银幕,往昔的一幕幕影像投射在上面。这个孩子出生时戴的手环并没有让你感怀神伤,它只是把你拉回到另一个时代。那时,你的日子里总是飘荡着旋转木马的动听旋律,只有当巧克力冰淇淋掉在地上,或是绒毛玩具不知所终,才能让你陷入忧伤。

  你一直都很喜欢孩子。即使在你还没有自己孩子的时候,你是第一个和孩子们享受大富翁游戏的大人,也是最后一个把他们拉出泳池的大人。你读了几十本教育书籍,对电视和电子游戏秉持着热情的立场。你是一个受人喜欢而又负责任的家长,你是放学后受人羡慕的对象,你会带着他们一起玩滑板,也会告诫他们做人要谦逊有礼。晚上他们睡觉时,你为他们在晚上睡觉前的各种表演欢呼喝彩,他们往往就像席琳·迪翁①在上台前服用了迷幻药一样夸张神奇,但你的欢呼声一直都没有断过。你在讲故事时,从不会低头看表,也不会哈欠连天。你俨然是一位生日聚会专家、课余活动能手和花园小屋的技术员。总之,童年就是你的王国,而你那些可爱的小家伙们是愉快而温顺的臣民。

岁月流逝的速度就像操场上潮流的更替一样快,现在的你被大家视作亲切的育儿顾问。对你来说,孩子并不是一般人经常所说的任性的怪兽,而是一群乖巧可爱、容易取悦的生命。尽管你不太可能去接他们放学,但你觉得彼此之间的纽带仍然完好无缺。你的子女顶多有些疑虑,认为你的着装有点太"幼稚"了,不符合他们的审美观,但你相信你们之间绝对没有电视节目里探讨的代沟问题。

有天晚上,你带着某种迷惑回到家里,其中夹杂着一丝疑虑。尽管你因为旅途奔波而深感疲惫,但你还是注意到你的厨房出了问题。是遭人贼手了?还是进错家门了?你从容不迫地环顾四周,

---

① 席琳·迪翁(1968—),加拿大籍法裔女歌手、演员。

努力寻找各种蛛丝马迹，以便理出事情的来龙去脉，好让你理解为什么在大理石工作台上躺着一只袜子，旁边有一瓶溢出来的番茄酱，一个仍然插着电源的吹风机，一包奶油洋葱薯片，以及一沓宝丽来照片。水槽里堆满了脏碗，客厅里的沙发似乎成了一个衣柜。正当你百思不得其解的时候，突然有个身高约一米七二的人在你眼前出现，带着不太友好的语气质问你："你为什么这么早回来啊？对了，你为什么要把我的手机充电器藏起来？你把我的生活搞得一团糟，你不觉得有点烦吗？"这个人是谁？那个曾经戴着竖有一对熊猫耳朵的帽子的小宝贝，他究竟怎么了？在他的成长道路上，你是在什么时候跟丢他的？你现在俨然是一位青少年家长，但你却对此选择视而不见，这样的状况究竟还要持续多久？

　　作为一名细心的家长，你读过不少有关青少年的书刊，了解他们对自由和叛逆的渴求。你承认，童年的原则是成长。你甚至已经开始用短信交流，用表情符号来表达你的高兴。但在这里，你没有经历这个过程，它反而幻化成一场龙卷风，里面看不到一丝笑意。因为按照你的说法，他既不是你家里的孩子，也不是处于荷尔蒙危机期的青少年，他就是一个十足的陌生人，一个完完全全的陌生人。他把头埋在沙发垫子下面，嘴里冒出的是"你把我搞死了"这样的言辞，中间还时不时夹杂着"哦，好"之类的敷衍词。你已经完全不了解他了。

自从你承认了这样的状况，你就一直处于震惊之中。你这位曾经的育儿顾问，如今正在考虑是否要去登记失业。你观察着这位拖着步子在你家里晃荡的青少年，如同人类学家发现了一处亚马孙部落。你不知道如何与他交往，因为光靠在大富翁里交换街道，显然已不足以让你们两位结成共同战线，你试图跟上他的着装趋势和思想倾向，试图抓住你可以和他分享的一切东西。但是，一旦你意识到他穿了一条大了三号的慢跑短裤，并非弄错了尺寸，而是有意为之的，他就会改变穿法，套上一条破破烂烂的紧身牛仔裤。而这条裤子是全新的，而且还经过精心熨烫，上身则穿着一件印"没有未来"字样的T恤。

你想与社会成见作斗争，但你的小天使确实已经变成了小恶魔，变成了一则难解的谜语。就在刚才他亲口告诉你，你是银河系中最糟糕的父母，而且你让他丢脸丢到了家。于是你在想，到底是用他出生时戴的手环勒死他，还是自己也套上一件"没有未来"字样的T恤。因为在这种情况下，你们的关系似乎岌岌可危。

列维纳斯怎么看？

伊曼努尔·列维纳斯小时候不大可能是个叛逆少年，也不会认为自己的父母是缺乏宽容心的窝囊废。然而，他对道德的思考似乎特别适合这种情况，因为他思考的愿景是当面对无法理解的个体时，我们应该采取什么样的态度。而在这方面，青少年在所有个体类别里位于榜首。

列维纳斯在自己的整个著作体系中列出了同一条主线，一个在他的作品中不可忽视的概念，即"他者"（l'Autre）的概念。通过这个既非常普通，在他笔下又极具哲理的术语，他描述了我们的眼前之人，这个人思维中的存在与我们不同。"他者"是我们无法猜测其想法的人，是令我们恼火的人，因为他在逃避我们，是我们一直讨厌的人，是与我们唱反调的人，总之，是与我们"不同"的人。原因很简单，就是因为他不是我们。这个"他者"可以指我们的父母、我们的配偶、地铁里的某个家伙、我们的老板、街对面的邻居，若用来指我们家里的那位少年则更为贴切。

列维纳斯以哲学所特有的明晰性，洞察了人际关系中各种自相矛盾的地方。对我们而言，这个"他者"是无法忍受的。他从未像我们希望的那样做出反应，他没有相同的品味，他在我们看来似乎很奇怪，也很陌生。然而，我们却不断寻求他的存在，这是最令人惊讶的事情。我们被"他者"迷住了，非但没有表现出漠不关心——这其实是对我们的恼火最有效的回应——反而要求他永远不要远离。我们急切地想要知道"他者"的运行机制，我们四处徘徊，以精益求精的态度收集相关线索。

这种矛盾的准确性在青少年身上有了充分的体现。他会在玩电子游戏时抱怨我们，一只手放在控制器上，另一只手放在手机上，我们则坚信不疑地认为他的荷尔蒙最终会自我调节。但我们没有让他这样做，而是花时间去追随他，并惊讶地发现我们的亲生骨肉其实与我们自己并不一样。除了学习他的用词，还可以试着欣赏他的音乐，或者反向行之，主动带他领略阅读的乐趣，但这些做法都毫无效果。任何行为，任何活动，任何知识，任何书籍，都不能消除人际关系的这种障碍。"他者"依然是一个深不可测的难解之谜，而且他以蔑视的眼神打量着我们。其实这样也好。

因为这正是列维纳斯的灵丹妙药可以发挥作用的地方。它把僵局变成了真正的乐事，给这种关系带来了未来。正是因为"他者"与我们无关,所以才会令人激动,事实上,"他者"让我们的生命更具意义。正是因为观看"他者"会激起我们的身心反应,所以"他者"才如此重要。诚然,我们不了解"他者",但是我们通过观察"他者",通过了解"他者"让我们产生反应的原因,来学习了解自己。我们的"自我"是透过这个陌生人的脸庞、眼睛和话语形成的,这个人的行为让我们感到好奇,涌起冲动,也让我们避之不及。最后,正是通过观察青少年及其乱七八糟的生活,我们才对自己身上的一些事情有了了解。如果我们独自一人,我们当然会获得安宁,获得干净整洁的家,但我们却因此失去了发展、反思和超越自己的机会。

总之,"他者"让我们十分着迷,我们准备把自己的烦躁放在一边来照顾"他者",仿佛是"他者"的相异性在我们身上激发出令人难以置信的同情心和强烈的责任感。简而言之,正如列维纳斯所指出的,这是一种伦理学。因此,即使你厌倦了少年在昏昏欲睡时嘴里发出的拟声词,你依然会继续确认他是否结束了朋友聚会回到了家中——而这些朋友的号码他是绝对不会给你的——你依然会检查他的羽绒被是否留有织物柔软剂的香味,一如他还是小宝宝的时候。

通过这些青少年，我们获得了彻底另类的体验。我们不需要理解他们，也不需要对他们感到负有天生注定的责任。这也适用于其他人际关系。无论是危机、薄情还是变化，要求都是一样的：向"他者"展示自身的存在，即使在彼此关系不对称的情况下，即使有时我们真的感觉自己的付出没有得到回报。然后，通过不断的共情与爱，未来一定会充满幸福，而他最终也会再次和你一起玩大富翁游戏。

列维纳斯的哲学处方

◇ "他者"在我们看来总是很奇怪,青少年尤其如此,只是因为他们的言行与我们的不同。

◇ 正是因为"他者"与我们不同,所以我们才从"他者"身上了解自己。

◇ 道德,就是要能够以感同身受的心态关心我们的青少年,并对他们负责,即使他们没有给予我们任何回报。

哲学家速写

列维纳斯（Emmanuel Lévinas，1906—1995）

1906 年，伊曼努尔·列维纳斯出生于立陶宛，接受的教育深受犹太教影响。这样的学习经历使他十分推崇提问和推理，远远超过对寻求答案的热爱。在乌克兰流亡期间，他酷爱俄罗斯文学，陀思妥耶夫斯基在他的思想中占有特殊地位。1923 年，他开始在法国斯特拉斯堡学习哲学，精通多门语言。他在德国生活过一段时间，并在那里结识了海德格尔。1930 年，他加入法国籍，在巴黎生活了几年，之后被抓到德国的一处集中营当了五年战俘。这段通往人类苦难深处的经历给了他极大的触动。1945 年之后，他大声疾呼一定要向"他者"伸出援手，呼吁要将道德建立在不冷漠的基础上。他的哲学是利他主义的伦理学，我们每个人都必须怀有对"他者"的责任感。这种在当代哲学中前所未有的立场使他成为哲学界的一代宗师，即便在他 1995 年逝世之后依然如此。

克服情绪危机的必读书

《全部与无限》(Totality and Infinity An Essay on Exteriority)

列维纳斯花费数年心血撰写的博士论文于 1963 年出版。这部著作措辞严谨，不时还有惊人之词。他指出，只有通过"他者"才能寻得无限。不过最重要的是，他以哲学中罕见的力度谴责了仇恨的荒谬性，并唤起了关注"他者"、照顾"他者"的重要性，即使这个"他者"对我们来说只是个陌生人。

第 8 章

吃海德格尔的狗粮，品人生百味

——汪星人去了天堂，但生活还要继续！

你去那里几乎纯属偶然，目的只是为了陪你的朋友。就和故事里发生的一样，你去支持正在参加试镜的朋友，但导演最后却选了你做主角。因为事情就是这样，命运已经选择了你，让你无路可走。你走过一个肮脏的笼子，里面是个昏暗的狗窝，它一双黑色的眼睛大得如同左轮手枪一般。它给你抛来一记致命的眼神。它的爪子略微后缩，它就在等你，这已足够表达了它的忠诚，让人难以抗拒。不过，你总说你不要狗，你的生活不是为了狗。和宠物在一起，比起它的存在而言，更多伴你左右的是永无止境的束缚。可是那天早上，尽管你很不情愿，但你没有别的选择——它应该窝在你的怀里，天天舔舐你。你回到了家，面对这个裹在毯子里的宝贝，你还没有真正理解它的存在究竟意味着什么。你的家人有点尴尬，你向他们解释说它只在家里待几周，但其实你很清楚，这"几周"其实会持续一生。

你见到它的那一年，流行"古"字开头的名字。你没有听从你身边人的建议，因为在你看来，他们起的名字简直就是对狗这一犬齿类物种的侮辱。于是，你决定给它取名"古斯塔夫·约翰逊"，一个有点儿装腔作势的名字。你希望这个名字能够保证它在自己的王国里——也就是在你家里——享有尊严。不一会儿，它便侵占了你家里的每一寸地盘。在这个基础上，并伴随着它不时伸出舌头亲昵地舔人，你们开始了共同生活。

古斯塔夫·约翰逊娴熟地扮演了伙伴的角色，把它独特而富有气息的触觉带到了每个时刻。每天早晨，你是随着它的呼吸节奏睁开眼睛的，它对你不对称的柔软度颇感惊讶。当你稳稳地坐起来时，它会脑袋贴着尾巴，在你的床上疯狂打滚。无论你在骑自行车还是在游泳，它都会跟着你，带着永不满足的运动员般的兴奋神情。它经常扭动耳朵，强调自己担负着重要对话者的职能，所以它善于倾听的优点让你感到高兴，它似乎十分了解你最痛苦的困境。在许多情况下，它是一位坚强的盟友。它需要非常频繁地外出溜达，这让你得以经常逃离冗长的午餐、尴尬的谈话或亟待上交的差事。它是让人无法拒绝的借口，它有自己的"照片墙"（Instagram）账号，你在上面展示它幽默滑稽的瞬间，照片引人入胜，众多粉丝频频"点赞"。

当然，你们的共同生活也并非全是美好。你最讨厌的任务可能就是出去遛狗，无论是黎明还是黄昏，无论天气如何。下雨天，狗窝里湿漉漉的毛垫气味，混杂着狗粮的味道，让你恨不得把家里统统喷一遍消毒水。和它在一起生活，可以把你训练成谈判专家，因为你在夏天向旅店老板信誓旦旦地说，你把狗调教得很好。但当别人给你指出米色走廊地毯上的泥巴爪印时，作为一家之长，你只能流露出有点儿难过又有点儿狼狈的神情。你甚至不惜智商下线，从北到南穿越整个城市，只为赶去高速公路服务区，找回遗忘在那里的它最喜爱的毛绒玩具。其实，它常常令你大声咆哮，因为它经常在温馨和谐的客厅里搞破坏。你每隔一段时间就威胁要和它分手，但它对你来说已经难以割舍。

秋日的某个早晨，你正等着它来把螨虫蹭在你的丝质床单上时，它却迟迟不来。你发现它蜷缩在那个该死的狗窝里，萎靡不振，耳朵耷拉在一边，原本充满生机的目光突然变成了疲惫的深渊。结合它对狗粮毫无兴趣的表现，兽医很快做出了最终判决：古斯塔夫·约翰逊已经病入膏肓。你拒绝听到这个消息，你对你这位跟班的能量依然充满信心，相信它会和你共度一生。一定是诊断结果出错了。你看了好几位专家,他们建议的治疗方法和你的否定态度一样疯狂。但光有希望于事无补,希望并不足以治愈它。尽管你有坚定不移的决心,尽管你有把药物藏在肉丸中并让它吞下的招数,尽管你在宠物论坛上耗费了无数个夜晚,但就在今天,它还是离开了你。再也摸不到湿漉漉的鼻子,再也听不到汪汪的叫声,再也看不到让你时时分心的激动眼神。你的家里充斥着令人难以忍受的空虚感。你的狗狗死了,你的盟友走了,让你只能独自面对无声无息的天旋地转。

海德格尔怎么看?

　　海德格尔的思想深深地打上了忧虑、痛苦和存在问题的烙印,其实与狗粮毫不相关。恰恰相反,他思想中的一大优势就是表明我们有很大一部分时间在日常的平庸、无谓的琐事和东拉西扯的闲聊中迷失了自我。正是基于这一观察,海德格尔会帮助我们恢复现实的秩序,让我们发现真实,找到意义,甚至是通过像狗狗死亡这样令人伤心的事情。

　　因为在海德格尔的哲学中,死亡占据着特殊的位置。我们失去了宠物伙伴，恰好让我们可以跟他上一课。他为我们提供的是化悲伤为机会的可能性，以便更好地理解我们自己，了解我们的生命将走向何方。但要做到这一点，我们必须学会直面死亡。

不过令海德格尔烦恼的是，在一般人看来，死亡是一个常见的意外，是一个普通的事件，是一件无须谈论的事情，因为它最终都会降临在我们每个人身上。我们最好专注于无用的、浅薄的事情，而不要在终会来临的结局上裹足不前，因为我们对此是无能为力的。如果死亡还只是一个遥远的概念，一个最后期限完全模糊的未定之事，或者只是有点摇滚风格的套头衫上印着的一个骷髅头，那就很容易转移对死亡的关注。死亡虽然与我们相关，但距离我们依旧遥远。我们死了，但这个"我们"并不特指某人。我们可以毫不惧怕地继续履行对家庭、工作和社会的义务，从而保持无忧无虑的心态。

是的，但在这里，面对空荡荡的狗窝，这个我们毫不在乎的"我们"却呈现出全然不同的面貌。死亡变成了没有拥抱，也变成了没有温情。想要逃脱死亡的视线是不可能的，它猛烈地冲击着我们，让我们摆脱了无意义的束缚。最后，正是在这个时刻，在我们避无可避的时候，我们才最能体验到海德格尔所说的"此在"

(Dasein)，也就是我们的存在。这个奇怪的词指的是我们的人格，指的是那些让我们独一无二的东西。在我们家里发生的这种死亡，远不是一场悲剧，而是一个更真实的生活起点，再也不会被湮没在无数的活动中，再也不会被不是忧虑的忧虑所困扰——在这些活动和困扰中，我们会被虚假的束缚所折磨——无论是米色地毯上的爪印，还是塑料胡萝卜。

　　海德格尔把我们的"此在"分成许多方面，包括使我们成为"为死存在的人"（êtres-pour-la-fin）。这又是一个复杂的概念，它意味着我们是注定要死亡的个体。不过要注意的是，尽管这些概念听上去不是很让人快乐，但海德格尔真正想表达的内容并无负面意义。他只是想说明，死亡是我们人类现实的一部分。想要逃避这个结果，并用毫不在乎的态度来掩盖它，其实是我们想要逃避我们自己的本性。拒绝思考死亡，就是拒绝我们所特有的基本的焦虑，这份焦虑告诉我们，生命终有结束的一天。接受死亡并思考死亡，直面狗狗离去这一现实，我们反而是在了解自己，让我们的日常生活重新获得真实的意义，承认我们的终结是不可阻挡的，是生命的核心。人一出生就注定会死亡，这既适用于人类，也适用于犬类。

海德格尔认为，真正的生活是知道自己的死亡是命中注定的，并能真诚而坦然地接受。意识到逝去，并以勇敢而清醒的姿态接受它，便能让我们超越平庸与渺小，每天过上真实的生活。因此，面对我们忠心耿耿的朋友的离世，即便我们很想蜷缩在它的床上躺一躺，抚摸一下它的玩具球，尽力让痛苦过去，但我们依然要抗拒否定的欲念。宠物的死亡给了我们机会，让我们鼓起勇气，敢于直面由于失落而带来的所有的残酷。况且，"此在"也是你下一只宠物狗的名字，不是吗？

海德格尔的哲学处方

◇ 如果我们只考虑琐碎的事情，我们就会失去生活的意义。

◇ 每一位个体都是一个"此在"，即独一无二的存在。

◇ 意识到死亡并不令人沮丧，相反，它使我们的生活充满意义，并让我们享受生活，而不是把精力耗费在无关紧要的事情上。

哲学家速写

海德格尔（Martin Heidegger，1889—1976）

1889年，马丁·海德格尔出生于德国小城梅斯基尔希的一个十分虔诚的天主教家庭。从少年时代起，他就认真研读神学作品和亚里士多德的著作。他起先想当一名牧师，但在宗教与哲学互不相容的观念的驱使下，他最终放弃了这一想法。1916年，他成为哲学家埃德蒙德·胡塞尔[①]的私人助理，并与之分享他对现象学的热情。

海德格尔很崇拜胡塞尔，但两人的关系很快便冷淡下来。1923年，海德格尔被聘为马尔堡大学的教授。他的许多学生深受他的影响，这些学生后来也成了重要的思想家，如汉娜·阿伦特、列维·施特劳斯、汉斯·约纳斯。他的大部分著作关注的是什么是存在，我们因何而存在。20世纪30年代的政治是黑暗的，但其哲学却很丰富，给后人留下了一幅既曲高和寡又不可或缺的哲理画卷。

---

① 埃德蒙德·胡塞尔（Edmund Husserl，1859—1938），德国哲学家，现象学的奠基人。

克服情绪危机的必读书

《*存在与时间*》(*Sein und Zeit*)

该书出版于 1927 年。尽管其语言晦涩难懂,却是当代哲学领域的重要著作。海德格尔在书中对存在的意义进行了前所未有的探索,并对时间流逝进行了分析,因为时间流逝是理解存在的工具。

# 第 9 章

康德，你被甩了

——要理性还是要激情，
热恋中的我该如何抉择？

现在是下午 4 点 24 分。你搓手顿脚，很不耐烦。就像回到了高中时代，那时候有的课总是上得没完没了，时间就在一分一秒之间被吞噬、被融化了。自从你们决定各自度假后，你已经有十多天没见到他了。这是你们自恋爱后，第一次撇开对方独自旅行。在这十多天里，你整理了一些回忆。这些回忆只有在彼此分享时才有意义。你十分想念你的心上人，你终于又要见到他了。这样的期待让你失去了理性，你觉得自己既脆弱又焦躁。你窝在家里来回踱步，给一个又一个朋友打电话，免得自己胡思乱想；抑或疯狂地整理衣柜，希望借此打发时间。你的注意力就像游乐园里的孩子一样不安分。你无法集中精神，脑子里都在想着你们团聚的场景，除此之外，你什么都想不了。

现在是下午 5 点。你再也等不了了，决定步行去赴约。你一边在人行道上走着，一边回想着你最近几个月经历的狂热激情。

那些短暂而美好的夜晚，溜出办公室只为共度一段美好的时光，你们永不停歇的笑声，还有你们的双人晚餐让最浪漫的故事也显得黯然失色，因而你们的关系也顺着"爱情故事"的套路慢慢发展。你正在经历的事情很俗套，容易遭受批评，但经历的过程却显得如此愉快。你的亲人责备你见不到你的人影，批评你丧失理智，他们不愿意看到你深陷其中不能自拔。你的父母觉得这发展得有点太快了。你的朋友们对你迷恋男人的态度大为抱怨，坚持认为他的脾气不好。他们甚至警告你要当心他的低俗行为。你的姐姐试图向你证明，这个人不过是在玩弄你。但你深信，他们说出这些，只是出于他们的羡慕嫉妒恨，或者充其量他们还不习惯看到你们出双入对。你对此全然否认，你被他的帅气、幽默和气宇不凡迷得神魂颠倒。无论别人怎么说，你都要跟着他云游四方，即使深陷他最暗黑的激情中，甚至抛弃你一向遵守的道德和多年养成的习惯也在所不惜。因为和他在一起，你感到比以前更加强大。实际上，你已经毫不犹豫地承认了，你被爱情的飓风和内心的暴雨所淹没。但你依然相信，此刻颇似紊乱天气的这个人，无论好坏，他终将成为你的另一半。

你终于到达了约会地点。当然，一定是提早到了。相见的时刻已迫在眉睫。你很高兴再次来到这家舒适的咖啡馆，里面的环境很适合私密的约会。你不停地想着你们小别重逢后的最初时刻，那些宽慰、欲望和兴奋交织在一起的生命时刻。那真是神圣的一刻，激动的心情让你的心脏跳得比有氧训练时还快。你整了整自己的装束，显得足够从容，以免让人觉得自己的打扮很可笑。不过你打扮得很精心，一定会让人眼前一亮，甚至连服务员也为你感到幸福。任何事都无法改变你对未来的信心。之后，你终于在远处看到他正穿过一个个顾客向你走来。你脸上的笑容灿若桃花，你太高兴了，却没有注意到他憔悴的面容。你准备像朱莉娅·罗伯茨[①]那样激动得跳起来，一把勾住他的脖子。

但是，就在离桌子只有咫尺之遥的地方，你明白他并不是特别想扮演理查·基尔[②]。毫无疑问，他很疲惫。当你的心开始沉没时，你会拼命去寻找借口。你的心不禁揪了一下，是由失望引起的小小刺痛。但与接下来发生的事相比，这都算不了什么。你发现自

---

① 朱莉娅·罗伯茨（1967— ），美国影视演员、制片人。2001年，凭借电影《永不妥协》获得第73届奥斯卡最佳女主角奖。
② 理查·基尔（1949— ），美国影视演员，曾获金球奖喜剧与音乐类最佳男主角奖。代表作有《美国舞男》《军官与绅士》《一级恐惧》《芝加哥》《风月俏佳人》《忠犬八公的故事》等。

己面对的不是和他的贴面礼，而是无边的冷漠。几个模棱两可的词，里面混杂着怀疑、冷漠，还有无法兑现的承诺。"不是你，是我。"仿佛分手的说辞和一见钟情的蜜语一样平淡无奇。这本该是一部浪漫的喜剧，不想却变成了一幕哀伤的悲剧。你周围人的脸上写满了同情和尴尬。你的另一半决定把你留在那里，甚至没有付账就准备起身离开。你的心爱之人，他的生活已在别处。你颇感震惊，刚刚经历的一幕幕场景已经让你筋疲力尽。你在揣测是否还有回旋的余地，因为你觉得这一头冷水泼得实在太冷了。但是没有，你必须面对现实：他确实头也不回地就走了。你的男人让你重返单身。你忐忑不安的内心不再因为期待和激动，而是因为悲伤和不解。

　　现在是晚上 6 点 30 分。你已经一无所有。激情业已消散，你僵在那儿一动不动，眼睛湿润，心情沉重。你变得麻木不仁，仿佛灵魂已经出窍。你觉得自己在过去的几个月里都生活在一个巨大的谎言中。他怎么能说变就变呢？他究竟对你有没有诚意？你不能给你的亲人打电话诉苦，否则就等于告诉他们，他们先前的直觉是对的，这也太巧了。你不知道该做什么，也不知道该想什么。你只知道你需要一杯冰镇伏特加以及一通坚强可靠的说辞，好让你退一步海阔天空，好让你平复激动的情绪。

康德怎么看？

伊曼努尔·康德可能对爱的神魂颠倒了解不多。他的生活完全不是杂乱无章。他每天的生活都一成不变，除了教书就是思考。任何事情或恋情都不能打乱这种纯粹的知性生活。哲学家的日常生活十分讲究理性及其运用。正是通过效法这样稳定的生活，我们才能够抚慰内心的悲伤，不被激情所困，以免走向毁灭。

康德思想的珍贵之处在于它并非简单地将理性和激情对立起来。尽管他重视理性，贬斥激情，但这位哲学家还是向我们揭示了各自的机制。一方面，康德将理性定义为来自思考而非来自亲身体验的一切事物。也就是说，一个人不需要面对一个事物，不需要去经历它、触摸它、感受它，便能对它进行思考。理性是一座灯塔，是一种分析、退让和推理的力量，它使我们获得知识并能行事有度。另一方面，激情是一种任何语言或行为都无法控制的感觉，它是一种理性无法控制的心态。在康德看来，激情不是一种简单的情感，而是不折不扣的灵魂之病，这是康德故意强调的表述。这种激情表现为由期待、焦躁和理想化构成的爱的躁动，正是这种激情在腐蚀心灵。我们的理性被这样的激情消融了，使我们失去了所有的辨别能力，让我们与现实产生了隔阂。

在《人类学》这部著作中，康德的思想更进了一步。除了定义激情以外，他还揭示了受激情摆布的风险。他认为，激情之爱是危险的，因为它必然会引发道德败坏的行为。但他是如何将激情与道德败坏联系起来的呢？两者之间的联系其实很容易构建。激情会阻碍思考。当我们沐浴爱河时，我们便不再听从内心的理性，更不用说听从父母或朋友的意见。我们失去了比较、判断、衡量、选择、对抗、质疑的能力。我们被卷入这场风暴的中心，疯狂数着与心爱之人分隔两地的分分秒秒。一旦对方不在身边，无法维系这团爱的欲火，你就变得无精打采。我们被这份激情死死缠住。就这样，我们失去了行使道德的必要工具。因为在康德的哲学中，道德法则的基石正是理性。遵守道德，便是以这样的方式行事，以便让我们的行为得到广泛的确立。总之，在行动之前，我们要扪心自问，自己的行动是否对大家都有益处。要做到这一点，就必须依靠我们的理性，而不是仅仅听一听相拥相吻和信誓旦旦之时的心跳声就匆匆了事。理性和道德紧密相连，失去了一个也就等于放弃了另一个。

但这还不是全部。在激情的驱使下，我们不但会做出道德败坏的事情，行事还会变得束手束脚。由于失去了理性，也不懂得退让之道，我们便把对自身有益的事忘得一干二净。我们发现自己痴迷某人，却从不想想这人是否真的给自己带来了幸福。激情让我们沦为外在事物的奴隶，我们对此却无能为力。康德坚持认为，我们被一种没有任何稳定基础的感觉所迷惑了。因为欲望一旦得到满足，关系一旦得以建立，激情就会退去，我们就有可能因此坐在咖啡桌旁独自流泪。激情让人神魂颠倒、迷失自我，理性也就渐行渐远，这对哲学家康德来说是难以想象的。

然而，尽管康德敦促我们与激情决裂，但他并没有鼓励我们和他一起永远奉行独身主义。相反，他将激情与爱情作了区分，为我们提供了莫大的安慰。如果激情是虚假的、病态的、短暂的，那么真正的爱情，即一种理性而持久关系的构建，也就无须担忧了。施爱之人可以保持清醒的头脑，把他的感觉建立在他的意志上，而不是建立在幻觉上。亲身经历不太曲折，却更加坚实。不把两者融为一体，放弃爱情以免受苦，便是丧失了协调理智与心灵的这份奇迹。因此，与其做一个被激情奴役的木偶，不如擦干眼泪，提起精神，抛弃爱情电影的恶俗套路。我们不是去追求激情的晕眩，而是去寻觅爱情。只有这样，人生的旅程才会更加美丽、更加持久，才会比冰镇伏特加酒更加醇厚。

康德的哲学处方

◇ 激情使我们丧失了理性思考的能力。它削弱了我们，因为我们无法思考。

◇ 激情让我们丧失道德和自由。我们的理性得不到彰显。我们只为他人着想，却不考虑自己。

◇ 我们必须区分爱情和激情。如果说激情会导致痛苦，那么爱情则更稳定、更持久。爱情以理性为基础，而理性是人格的根基。

哲学家速写

康德（Immanuel Kant，1724—1804）

1724 年，康德出生于德国柯尼斯堡，在家里十一个孩子中排行第四。他在非常普通又十分虔诚的环境中长大，从未离开过自己的家乡。1740 年就读大学期间，他对牛顿的物理学产生了兴趣。经过埋头研究，他发现了进行先验科学的可能性，即无须通过验证的科学。作为德国启蒙运动的关键人物，他是最早在大学任教的哲学家之一。他以每天严格执行相同的作息时间表而闻名，他没有家庭生活，也没有恋爱关系。他上课很多，课余时间一心扑在哲学研究上，探讨道德、美学和政治。他花了十一年时间写出了自己的扛鼎之作《纯粹理性批判》，并于 1781 年出版。他在这部书里说明了为什么形而上学不能构成真正的知识。1804 年，他在自己的家乡去世。去世前他说的最后一句话是："很好。"时至今日，他对哲学依然有着难以估量的重要影响。

克服情绪危机的必读书

《实用观点下的人类学》(Anthropology from a Pragmatic Point of view)

康德出版于 1798 年的授课内容汇编，虽然它不是康德最有名的作品，却剖析了人类学、数学和物理学等不同领域的主题。他分析了人的方方面面，包括爱情。

第 10 章

柏格森为创业者代言

——从打工仔变成老板,
生活竟是如此滋味!

好了，你终于做到了。在九月的这个星期五，当其他人温和地休了一天假，享受着一份有条件的自由时，你却毅然决然地交出了自己的胸卡。你打算用一个戏剧性的姿态，在监控视频里留下你的不朽光辉。你放弃了你的员工证，它是你十二年职员生活的见证。你把你的塑料卡片扔在公司前台，甚至不去想里面的复印账户究竟还有多少余额。你感到解放了。你在公司的条条框框对你的身心健康产生影响之前离职。上午 8 点 15 分的简报被一扫而光，简化思维的 PowerPoint 演示文稿也化为了乌有。跟手机藏在桌子下面的日子道别，与偷偷查看"脸书"浏览次数的日子道别。你再也不必忍受咖啡机无声的言语，也不必忍受食堂里煮过头的意大利面。你辞职的唯一理由就是渴望获得更好的生活，你也因此体验到了离职引发的难以估量的奢侈感。你将成为自己的老板，而你丰富活跃的思维表现就是你的最佳名片。

这个决定是一次彻底的解放。是木已成舟的味道，也是恢复自由的味道。当你在这个难以名状的空间里收拾你最后的物品时，你环顾四周看着你的同事们，你的眼里充满了温柔，甚至是同情。上班族的生活便是如此乏善可陈。从现在开始，你周一便可穿上周五的休闲装。工作时可以选择度假，也可以在协同工作空间里与他人分享有机燕麦片，还可以任意挑选工作时间和工作地点。创业公司的生活：你不需要任何东西，只要有4G连接就行。你创建了自己的公司，很高兴终于能够协调好你的内在天性和工作业务。你对利用晚上的时间进行头脑风暴的想法并感受不断涌现的活力而兴奋不已。你计划将你的客厅变成传播智慧和谱写成功故事的天堂，同时也省去了通勤的麻烦。经过漫漫求索之后，你的行动具有了意义。你觉得自己的命运和业务的战略方向都尽在你的掌控之中。你的父母虽有担心，却依然向你表示了祝贺。你的朋友羡慕你，你的情人也钦佩你的王者风范。在创业初期，你的自信心爆棚，仿佛有一对翅膀从你的牛仔夹克衫里长了出来，准备展翅翱翔。完善创业公司网站的色彩搭配成了你最大的爱好。你的创造力不再受到陈旧的组织架构图的限制。每次朋友聚会，你都对创业精神大唱赞歌。

当你在你的新工作环境中度过了区区六个月的田园生活后，一个个奇怪的举动却悄悄潜入了你原本酷帅的沙发工作中。你开始疯狂地检查你的电子邮件，几乎成了强迫症。即便在吃饭的时候，左眼也紧盯智能手机，一有客户信息你便用手指滑过屏幕。你想行事雷厉风行，你想成为他人的榜样。你惊奇地发现，你给自己施加的压力远比上司施加的更可怕。你关心你的品牌形象，亲自回复社交网络上有关你产品的所有评论。你的夜晚是在"照片墙"的怀抱中度过的，你在那里数的不是绵羊，而是点赞的数量。

你已经进入了长期负荷的时代。亲友看到你的眼睛有点红肿，你却声称是肾上腺素影响了血液流动。你通常平静的周日早晨，现在却用来与你的外国供应商开电话会议。他们谈论的是金融市场的规则，而怀旧情结则把你带回到过去，那时的"市场"上摆的还是经过精挑细选的白菜和胡萝卜。虽然你仍然吹嘘休闲装的舒适性，但现实是你没空打扮，连基本穿着也懒得打理。

你的人生已经变成二十四小时连轴转的合同，还附加了一条令人沮丧的特别应急条款。你深深卷入事业上升的旋涡中，你会在节假日算账，动用你的人寿保险来支付自己的一小部分工资，甚至在睡觉前头靠在枕头上，对公司的章程侃侃而谈，你觉得这一切都很正常。分身乏术成了常态。但是,当你向隔壁邻居声称,只有胸无大志的懒鬼才会去度假时,你才意识到问题的严重性,停下工作的步伐已经迫在眉睫。你从一位酷帅洒脱的创业老板,变成了一个想要掌握一切的偏执狂僵尸。你甚至都没有可以为你的行为负责的老板。创业是好事,但走投无路就不太好了。现在你已经筋疲力尽,不禁怀念起食堂里的意大利面条,以及穿着西装打着领带准点上下班的生活。时光流逝,你已经不堪重负。你需要赶快开个具有说服力的短会,说明独立有哪些优势,否则你会烧掉自己的名片,然后去就业中心报到。

柏格森怎么看?

亨利·柏格森的性格可能有点沉闷,他应该不会喜欢休闲日。另一方面,就像他的远房表弟马塞尔·普鲁斯特[①]一样,时间是

[①] 马塞尔·普鲁斯特(1871—1922)是20世纪法国最伟大的小说家之一,意识流文学的先驱与大师,也是20世纪世界文学史上最伟大的小说家之一,代表作为七卷本的《追忆逝水年华》。普鲁斯特曾对柏格森直觉主义的潜意识理论进行研究,尝试将其运用到小说创作中。

他擅长的领域。你在这里想到的第一件事,就是时间。你需要一点时间、耐心和思考,让自己重新获得火花,思考一个只属于你自己的成功。这种对自己的成功失去信心的情况,只能用缺乏视野来解释。如果你筋疲力尽,那不仅仅是被工作所累,还因为你已经消解了自己的动力,甚至被数以百计的日常任务压得喘不过气来。这与征服者的魅力相去甚远。对此你不必惊慌,柏格森会助你回忆起你最初的激情。

他的帮助始于对努力的反思。努力是无法回避的时刻,我们都必须经过努力才能取得成功。努力是关键阶段,将新手变成专家,将青年变成勇士。这其中包括解释、重复、忍耐、等待的努力,但最重要的是推动我们克服一切障碍的努力。柏格森直截了当地指出,工作就是充满了艰辛和劳累。他的这番坦言让我们感到无比宽慰。然而,他不仅提供这个负面的看法,而且还说这就是工作显得无比珍贵的原因,甚至比成功、赞美或点赞都来得更有价值。因为拜工作所赐我们超越了自己,去寻觅那个我们认为无法触及的空间,从自己身上获取了意料之外的资源。然而,如果没有阻力,没有意外,没有困难,要实现这种超越是不可能的。离开自己的安逸区,无论在什么领域,都不是为了送走我们的困扰,也不是为了反对既定的秩序，甚至不是为了在社会地位更高的工作前想入非非，而是为了检验我们的力量，保持坚定不移的决心，并且不顾艰难险阻不断强化这种决心。哪怕遭受几场风暴，哪怕在电脑前度过许多不眠之夜，也要实现这样的目标。总之，没能度假可能让你有一丝沮丧，但只要有耐心，你一定会感受到胜利的喜悦，那是生命获得新生的证明。

　　柏格森远不是一位只适合创业者的思想家，因为他激励我们从障碍中发现美丽。当我们挣扎着填报一份又一份行政文件时，他鼓励我们不要沉沦。他之所以是思想家，也是因为他通过赞美不可思议的创造来给努力定义。为你的老板克服困难，与你自己当家做主相比，花费的力气要小得多。的确，如果笑到最后的总是快乐，那并不是因为我们遭受了痛苦，克服了困难，而是因为我们对自己努力创造的东西深感自豪，就像艺术家在画布上挥毫泼墨，就像母亲把孩子带到人间，就像科学家发现了一个新概念。企业家发展事业所获得的快乐，并不与他所赚的钱或是所获得的名声成正比。财富和尊重显然在他所感受到的满足感中起了很大的作用。但最重要的是建立一家企业的陶醉感，是通过创造而使某些东西存在的兴奋感。对于柏格森来说，这就是我们日常生活存在的理由。创造，就是把原本不存在的东西变成了存在。

我们在工作中提升了品格，拓展了努力，取得了成功。最终，除了创造一家公司以外，我们也创造了自我，因为我们塑造了自己的个性。工作，或者说得再深入一点，建立自己的事业，就是通过自我创造自我，而且只能是自我。因此，每天工作十六个小时，眼圈发黑，没有工资，无法度假，充满了失败和沮丧，这些都无关紧要，你其实正在脱胎换骨变成另一个人。给自己一些时间完成这种蜕变。下次你想吃意大利面条时，你就去自家的厨房亲自动手做，做出来的面条永远都比员工食堂的好吃。

柏格森的哲学处方

◇ 付出努力是痛苦的,但它使我们获得快乐。正是有了努力,我们才会超越自己。

◇ 创造是生命存在的理由。通过创造,所有的努力都有了理由。

◇ 我们在工作中创造自己、发现自己,从而获得属于自己的幸福。

哲学家速写

柏格森（Henri Bergson，1859—1941）

1859 年，亨利·柏格森出生于巴黎的一个波兰犹太人家庭。他在伦敦长大，说一口流利的英语。在巴黎求学期间，他学习成绩优异，获得普通数学竞赛第一名。但他对人文科学的热情远远超过对数字研究的兴趣。他与埃米尔·杜尔凯姆[①]、让·饶勒斯[②] 同期进入巴黎高等师范学院学习。获得哲学硕士学位后，他被任命为昂热、克莱蒙费朗以及巴黎亨利四世中学的中学教师，后又赴法兰西学院执教。柏格森的双语能力使他结交了美国哲学家威廉·詹姆斯[③]，詹姆斯也帮他拓展了知名度。他最喜爱的主题是时间概念和直觉的重要性，他认为直觉与智慧不同。他

---

① 埃米尔·杜尔凯姆（1858—1917），法国犹太裔社会学家、人类学家，法国首位社会学教授，《社会学年鉴》创刊人。与卡尔·马克思、马克斯·韦伯并称为社会学的三大奠基人，主要著作有《社会分工论》等。
② 让·饶勒斯（1859—1914），法国社会主义领导者，也是最早提倡社会民主主义的人物之一，并因其宣扬的和平主义观点及预言第一次世界大战的发生而闻名。同时他也是《人道报》的创办者。
③ 威廉·詹姆斯（1842—1910），美国心理学之父，美国本土第一位哲学家和心理学家，也是教育学家、实用主义的倡导者，美国机能主义心理学派创始人之一，亦是美国最早的实验心理学家之一。1904 年当选为美国心理学会主席，1906 年当选为国家科学院院士。

强调生命冲动的重要性。当选为法国政治和道德科学学院院士,标志着他跻身哲学界的不朽之列。柏格森取得的成就享誉世界。

克服情绪危机的必读书

《**精神的力量**》(*L'Énergie spirituelle*)

该书是 1919 年出版的文集,里面收录了柏格森的讲座材料,读者因此可以了解柏格森的工作方式。他不只喜欢援引科学数据,也一心想让哲学成为一门关心运动、创造力和生命的学科。

第 11 章

维特根斯坦助你
解决婆媳问题

——为何大家说着同样的语言，
彼此却鸡同鸭讲？

在去你另一半的家里做客前,你就已经敞开心胸去爱他们了。围绕对方父母的冲突似乎是如此常见,如此老套,以至于你从没想过要去理会它们。你和你的爱人待在一起,过着美满幸福的生活,这足以让你爱屋及乌。因此,当他邀请你去他父母家与他的兄弟姐妹共进午餐时,你显得非常高兴,相信一定会度过一段愉快的时光,而且你确定这在你们关系的构建中既是必要的一步,也是重要的一环。

在这顿重要聚餐之前的几天里,尽管你的朋友向你提出忠告,你的内心依然十分淡定。一想到两个同样宝贵的世界即将接触,他颇感焦虑,不断向你建言如何表现才算最好,才能帮助你更好地融入其中。你把这些建议轻描淡写地搁在一边,并未真正听进心里。不得不说,你对自己很有信心。你从小就因为聪慧过人而饱受称赞,你知书达礼、气质不凡而又乐于助人。所以,结识一些即将成为你亲友的人，与准备参加峰会毫不相干，这份期待不会受到任何压力的破坏。因此，在这个夏季周日，你是带着开放包容的心态和实实在在的热情走进他家门的，渴望欣赏你另一半的童年照片，分享他高中时代的众多趣闻。

　　但是，你才到门口就犯了第一个错误，其速度之快让人联想到奥运会百米冲刺的场景。你是最后一个到的，刚好有时间买一束气派的鲜花，却不知道你嫂子的孩子对花粉严重过敏。你男朋友朝你投去失望的眼神，示意他曾经"提醒过你"。你犯下的错已经无法挽回，所以你感到抱歉，感到尴尬，恨不得让这束花马上消失，哪怕把它一口吞下。幸好，你的婆婆赶紧把花扔进了垃圾桶，让你进门时的失败之举就此打住。你惴惴不安地朝餐桌走去，希望这顿饭局能驱散刚才的错误。但令你万万没有想到的是，你刚刚落座的位子是你小叔子的，他从小就坐在那里，所以那个位子是他的专座。当然，你确实不必知道这份心照不宣的座位表，但其他家庭成员显然对此一清二楚，他们的恼火也溢于言表："这究竟是怎么回事？这是他的椅子，你知道的！"你被自己的愚蠢吓得僵住了，不敢再轻举妄动。你更喜欢倾听一个字都听不懂的对话。突然，你的未婚夫开始饶有兴致地问起一些人的情况，但这些人的名字他以前从未提到过。他津津乐道于某人有了孩子，某人有了工作，某人有了假期。你不了解他家人的习惯，感到很不自在。你不知道该如何理解祖母好奇的姿态。你承认，你无法确定她究竟是中风了，还是只是想换一块羊腿肉。你跌入了一方崭新的天地，一片大陆在你眼前展开。你周围的一切都变得神秘莫测。没人愿为这些对话添加注解，因此你完全无法理解这些对话的主题。日期、回忆、玩笑，它们在客人之间来回飞舞，而你却什么都不记得了。一切都进展得太快了。你们说的不是同一种语言。你的爱人突然变得遥不可及，让你觉得自己被晾到了一边。谈话间提及的每个人每件事，都属于另一种生活，你感觉自己身在其中，完全就像个偷渡的外来客。

但比沉浸在未知土地上更微妙的是，你要面对你们之间教育背景差异的问题。处理这种巨大的文化差异需要高度的灵活性，而你却并不具备。在吃甜点的时候，你别无选择，只能咬着嘴唇，对你未来公公发表的政治评论洗耳恭听，不过他的观点却与你的截然相反。你差点儿被蛋糕噎住，上面落满了大表哥的自我主义和庸俗不堪，因为他正对自己的金融投资和众多战绩高谈阔论。走到门口，刚刚经历的几个小时的煎熬让你身心俱疲。当你把脸转向你的婆婆时,她冷冷地握了握你的手,这进一步标志着你没能融入这个家庭。当她给自己心爱的儿子一个深深的拥抱时,她用一种理所当然的眼神看着你,仿佛在提醒你,每个人都有一个家,那就是他童年的家。好吧,你本该有备而来才对。

现在你回到了家。你感到被这种与你的文化毫无共同之处、似乎不可调和的文化所压垮。你的自信已经被一种深刻的失败主义所取代。一想到在随后的六十年里都要吃这样的午餐,你就感到害怕。你原本希望他的父母给你看看老相册就行,但现在的你犹豫不决,究竟是和他离婚——甚至在没结婚的时候就希望你的未婚夫父母双亡——还是把他绑走,和他搬去世界的另一头生活。当务之急是找到恰当的沟通方法和融合方式。

维特根斯坦怎么看?

路德维希·维特根斯坦的一大特点便是不仅在语言哲学方面有专长,而且游历的国家非常之多,活动的圈子非常广泛,所以他总对身边的谈话感到一知半解,这无疑是他非常熟悉的感觉。

这份漂泊感，这些巨大的文化差异，导致了沉默和尴尬，让我们无所适从，有时迫使我们逃离，这甚至成为他最重要的一部著作的主题。不过，维特根斯坦无意强调不同文化之间的不可调和性，他没有让我们陷入沮丧，反而交给我们一份行之有效的指导说明，并为我们提供了在未来社会相互融合的关键要素。

在他的《哲学研究》一书中，这位奥地利思想家指出了文化与语言之间的关联。如果我们在某处迷失，如果我们无法在一种文化中找到意义，那正是因为我们不理解我们周围人的语言和姿势。对维特根斯坦来说，能够区分不同文化的，不光是一种手艺或几个习俗，最重要的是一门语言，包括说话和姿势。这门语言随着历史和习惯的演变而演变。事实上，每个文化环境都使用不同的语言，并各有其特点和用途。但是，请注意，对维特根斯坦来说，文化不仅让人联想到一个拥有地理界限的国家，而且还会联想到"一种生命形式"。这个表述已经成为他的一个基本概念。他把生命形式定义为具有特定配置的人类组织，能够对非常精确的代码做出反应。从这个角度来看，家庭确实是一种与众不同的生命形式，而我们的所有存在是由众多生命形式组成的，我们每天都在其中进化，每次都要重新学习他们的语言，否则我们就有可能一直处于旁观状态，无法融入，或是无法辨别要根羊腿和中风有何区别。脱离了生命体，语言是无法想象的。如果生命形式发生了变化，与之配套的语言也会随之变化。语言和姿势的含义因你所处的生命形式而变化。虽然在地铁里你可以坐任何你想坐的位子，但在一个家庭里你却不能这么做，因为位子在你到达前早已分配妥当。

面见你的公公婆婆，意味着跨越边界，进入一种崭新的生活方式。即便你受过良好的教育也无济于事，因为你不是这个家庭的成员，所以你不知道它是如何运作的。对于你刚加入的朋友圈，或是一份新工作，也是同样的道理。维特根斯坦甚至把这种在发现新文化时所必需的学习过程称为"语言游戏"。正如任何一种游戏一样，你必需在玩之前学习规则。这并非易事，而且规则或多或少都会出现例外情况。若要精通语言游戏，就需要了解背景和人际关系，还需要掌握合适的专业知识，比如知道你的公公所持的政治立场和你的不同，或者知道一束鲜花也会酿成大祸。总之，要表现出好奇心，还需要时间和耐心。最重要的是能够接受与自己不同的运作方式，知道保持沉默，静心观察。每个人类群体都有自己与众不同的语言游戏，你只要耐心地学习规则，就能融入其中，思维也因而变得更加开阔。你会发现，如果你说同样的语言，懂得尊重规则，那么你的婆婆会很乐意让你和她的儿子一起玩耍。

维特根斯坦的哲学处方

◇ 文化首先是对一种语言的运用,有其特殊性。

◇ 文化并不局限于一个国家。每个人类群体都有自己的文化,使用自己的语言。

◇ 融入一个群体就是要学会该群体使用的特定语言,无论是说话还是动作。

哲学家速写

维特根斯坦（Ludwig Wittgenstein，1889—1951）

1889年，路德维希·维特根斯坦出生于维也纳的一个工业富商家庭，在家里八个子女中排行最小。他的父母是音乐家，同时为勃拉姆斯[1]、马勒[2]等著名艺术家提供资助。在维特根斯坦很小的时候，他的父母就让他接触各种文化知识。1906年，维特根斯坦开始在曼彻斯特学习工程学，之后转向数学。然后他在剑桥大学跟随哲学家伯特兰·罗素[3]学习。他到处旅行，足迹遍布冰岛和挪威，并在挪威为自己造了一座小屋。他仍然相信，他的思维在离开学校之后会有更好的发展，正是在这期间，他完成了一部关于数学逻辑基础的著作。第一次世界大战期间，他前往俄国前线作战。正是在这场战事中，他完成了他最著名的哲学著作《逻辑

---

[1] 勃拉姆斯（1833—1897），全名约翰内斯·勃拉姆斯，出生于汉堡，德国浪漫主义作曲家。
[2] 马勒（1860—1911），全名古斯塔夫·马勒，出生于波希米亚的卡里什特，毕业于维也纳音乐学院，杰出的奥地利作曲家及指挥家。
[3] 伯特兰·罗素（1872—1970），英国哲学家、数学家、逻辑学家、历史学家、文学家，分析哲学的主要创始人，世界和平运动的倡导者和组织者。罗素1950年获得诺贝尔文学奖，主要作品有《西方哲学史》《哲学问题》《心的分析》《物的分析》等。

哲学论》，旨在界定语言和哲学的界限。被意大利人俘虏后，他设法将手稿寄给了罗素。罗素帮助他在 1922 年出版了这部著作。维特根斯坦认为这部著作彻底解决了所有可能出现的哲学问题，便开始寻找新的方向。他相继做过教师、园丁助理和建筑师，为自己的妹妹设计过房子。正是因为"维也纳学派"① 的哲学家们向他提出很多哲学问题，他才得以重返哲学界。1939 年，维特根斯坦终于在剑桥谋得了一个职位。他对分析哲学的重视，对意义的研究，以及他标志性的生活方式，使他成为 20 世纪思想界的重要人物。

克服情绪危机的必读书

《哲学研究》（*Philosophical Investigations*）

这部 1953 年的著作是维特根斯坦逝世后出版的。与《逻辑哲学论》一样，他提出了语言及其理解的问题。维特根斯坦用大量的思想实验来让读者参与他的思考。

---

① 维也纳学派，亦称"维也纳小组"。逻辑实证主义的一个学派。它是发源于 20 世纪 20 年代奥地利首都维也纳的一个学术团体，受到维特根斯坦《逻辑哲学论》思想的影响。

第 12 章

密尔教你如何表达谢意

——收到不称心的礼物，你是否应该说出内心真实的想法？

你一向喜欢过生日，特别是喜欢过自己的生日。成为众人瞩目的焦点，沉浸在一整天的兴奋之中，而且这一天就是为了哄你开心而专为你组织的，还有所有朋友围在你身边，让你有了众星捧月的奢侈感。命运之约一过，你便等着来年的盛会，在十一个月的等待里显得急不可耐。但真正吸引你注意力、激起你兴奋感的是礼物。这并不是说你是物质主义者，而是因为礼物象征着别人对你的关注。你会感觉到，每个礼盒里都藏有一句爱心之语，这句爱心之语以送礼者心目中最美丽的物品形式呈现，而这么做的目的都是为了让你开心。

因此，你带着孩童般的欣喜等待着这场生日晚宴，庆祝你人生的新春。根据传统，打开礼物安排在吃甜点时，这样可以再撩拨一下大家迫不及待的心情。最初打开的几个礼物让你很高兴，每件礼物都让你想起了生命中的某个片段。看到它们是朋友们煞费苦心精挑细选出来的，你很是感动。你欣喜若狂的表情溢于言表。伴随着这份激动的心情，你抓住了下一个礼盒，是你的闺密送的，那位一直与你分享小秘密的人。当你把手伸进袋子时，你笑得很灿烂，深信你的下一个幸福即将到来。当一件羊毛衫在你的眼前展开时，你惊呆了！你惊得目瞪口呆，脸上的表情瞬间凝固。你必须面对这样一个事实：有人送了你一件奇丑无比的礼物。不只是有点丑，而是真的很丑。给你送这种东西，简直就是在和你开玩笑。刺眼的颜色，胡乱的裁剪，穿上就会发痒的面料。到底怎么了？你看着宾客，脸上挂着僵硬的笑容，除了一句平淡无奇的"不应该……"之外，你什么话都说不出来。你还苦苦思索着想要补充的内容："……送我这样的玩意儿。"最糟糕的是，你的闺密似乎没有表露出一丝不安。相反，她感叹自己挑选这件礼物花了多长时间，她觉得这件毛衣有多么配你，因为它把温柔与个性和谐地统一在一起。你听了无比震惊。上一次你遇到如此失望的场景还是在你七岁的时候，那次是因为父母把送你的圣诞礼物搞错了。你的闺密，她真的那么了解你吗？你几乎有遭到背叛的感觉。你所期待的象征意义正在化为乌有。如果说礼物是爱的宣言，那么她的礼物则近乎侮辱。这份礼物太可怕了。你正在犹豫不决，究竟是无可奈何地哭一通，还是点燃生日蛋糕的蜡烛，让火焰烧掉这份可怕。就在这时，她直直地看着你，向你问道："你喜欢它吗？"

欢乐的气氛在那一刻戛然而止。作为蹦蹦跳跳的派对女王，你陷入了一个左右为难的尴尬境地。一边是要撒谎，对这样一份像拖把一样扎心的礼物假装很高兴，但这会让自己感觉受到了愚弄。另一边是要诚实，要说真话，这可能会伤害你的朋友，给她带来深深的痛苦，同时自己也会被人视作永不满足的任性女孩。几分钟过去了，你的笑容越来越没有说服力。迫于嘉宾都在的压力，你振作起来，大声说道："我太喜欢了！你太破费了！"然后你斩钉截铁地说它太合你的心意了："哦，这件漂亮的衣服我要一直穿在身上，它简直就是为我量身定做的！"欢乐的气氛继续进行，大家在向你频频敬酒。但在你的脑子里，只有你刚刚说的无耻谎言在叮当作响。恐怕不得不穿着这身衣服赶赴下一次晚宴了。你真的有麻烦了。

如果你不向你的闺密吐露真心话，那你们之间的关系是依靠什么维系的呢？撒谎岂不是破坏了你们之间一直以来的信任关系了吗？如果你们送个礼物都不能真诚以待，那意味着你们之间可能还隐藏着更严重的问题。好吧，这个想法让你觉得比俗气的毛衣更恶心。你回到家后，犹豫着是否要给她发一条短信，向她坦陈你的失望之情。但当你就要按下发送键时，你的脑海中浮现出她收到短信的表情。你不能伤害她，你要竭尽全力保护她，因为她真心实意地挑了这件礼物送给你。所以，你带着羞愧和内疚上床睡觉，而这与打开香槟时的喜悦心情差了十万八千里，你担心明年恐怕又要撒谎了。

密尔怎么看？

约翰·斯图尔特·密尔当然不会让我们换掉你的礼物。不过在确定何时必须说真话、何时不必说真话方面，这位英国哲学家、逻辑学家和经济学家称得上是位可贵的盟友。这可以使我们有机会在我们的人际关系中采取更好的战略，在注重交际和重视诚信之间更好地摆正自己的位置。

1863年，在一部名为《功利主义》的著作中，针对真相在人际关系中所起的重要作用，约翰·斯图尔特·密尔表达了自己的立场。这部著作是资本主义的奠基之作，是经济学领域的代表作。他从效用角度出发，力图弄明白什么对大多数人是最有用和最有利的。他在自己的回应中说得十分清楚，并强调撒谎会破坏信任。撒谎会削弱人与人之间交流的话语，让言辞变得不太可靠，因为它们不以现实为基础，其后果意味着人际关系变得更加脆弱。不过密尔将他的推理更进一步，他假设即便每个人都觉得背离真相无关紧要，但还是会对社会生活产生影响。

在哲学家看来，说谎不仅表达了虚假的话语，更严重的是，它对社会的美好生活构成了威胁，损害了社会幸福的建立。作者的立场很坚定，因为他认为，让我们彼此蓬勃发展的群体幸福，正是基于互惠的信任关系。说真话可以增加信任，进而增加个人的幸福感。这样一来，真相就比谎言显得更有用。它对人类有利，对人类的共同生存有利。谁没有因为别人对自己诚实而心感宽慰呢？无论在工作中还是在个人生活中，我们的交流都是建立在一份隐性的诚信契约上的，我们难道不该对此感到欣慰吗？密尔的道德观是以亲身体验和经历为基础的。对他来说，对所有人的幸福有用的东西便是道德。谎言破坏了这份信任，因此是无用的、不道德的。所以，如果真相能保证幸福，那我们可以就此打住，冲到手机前发一条真诚的短信，大声说出那件礼物真是丑到家了。

不过，尽管密尔是真心话的狂热捍卫者，但他并没有忘记，在极少数情况下，谎言也是有用的。他列举了一些情境，其中最重要的情况是说谎可以用来保护某人，保证他的安全，让其免受烦恼的侵袭。密尔记述了一些极端的情况，在这些情况下，可以允许说谎。例如，一名罪犯正在追你的一位朋友，你必须隐瞒真相，免得让罪犯知道这位朋友的准确地址；或是向一名重症患者说谎，隐瞒他的真实病情。当然，从这个角度来看，对自己不喜欢的礼物表露出失望之情，这远远算不上是一个紧急情况。但在这里，经验就显得十分重要，它可以指导我们的行为。在这种情况下，对美好的共同生活有帮助的会是什么呢？能够说出自己内心的真实想法很重要，尤其是在你受到伤害的情况下，但前提是不能给他人造成更大的伤害。如若说出真心话会让他人痛苦不堪，那还是保持沉默为好。

通常情况下，说真话更有用，然而说谎有时也有其合理性。这种对人际交往的关注其实是照顾他人的一种方式。然而，只有符合以下两个条件，才能破例说谎：第一，这个例外情况必须是没有争议的事实；第二，必须给这个例外情况标出界限，对它准确界定，以免扩散到其他事情，对我们宝贵的社会关系造成破坏。

所以，就这一次，你可以放下电话，假装喜欢送你的礼物。不过你要毫不犹豫地向你的朋友坦白，你不喜欢她做的菜。这样做只会让你们的关系变得更加亲密。

密尔的哲学处方

◇ 但凡能给社会带来最大幸福的就是有用的。

◇ 说真话是有用的,因为它增进了人与人之间的信任,而信任是社会幸福的一大基石。

◇ 说谎危害幸福,但在某些特殊情况下,谎言是保护一个人的唯一方法,因此掌握说话的分寸是至关重要的。

哲学家速写

密尔（John Stuart Mill，1806—1873）

1806年，约翰·斯图尔特·密尔出生于英国伦敦，由身为经济学家的父亲抚养长大。父亲雄心勃勃地想把自己的儿子培养为一名天才。根据哲学家杰里米·边沁①的建议，对密尔进行了严格的教育。米尔三岁时学习希腊字母，八岁时开始接触代数、经济学和哲学。他在二十岁时患上了严重的抑郁症，他试图倾听自己内心的声音来平衡这种特殊的精英教育经历。随后，他在几本倡导自由主义的杂志担任记者。作为奥古斯特·孔德②的弟子和朋友，他为孔德提供经济支持。他深受实证主义的影响。与名字上给人带来的联想不同，实证主义不是对积极生活的赞美，而是一种坚持科学理性的思潮。1858年，约翰·斯图尔特·密尔搬到了他位于法国阿维尼翁③附近的家中。1865年，他当选为下议院议员，

---

① 杰里米·边沁（1748—1832），英国法理学家、哲学家、经济学家和社会改革者。
② 奥古斯特·孔德（1798—1857），法国著名的哲学家、社会学和实证主义的创始人。他开创了社会学这一学科，被誉为"社会学之父"。他创立的实证主义学说是西方哲学由近代转入现代的重要标志之一。
③ 阿维尼翁是法国著名的历史文化名城，位于法国东南部。14世纪该城是罗马教皇的居所，现被列入《世界遗产名录》。

投身妇女解放运动，积极捍卫妇女的投票权，成为女权主义的先驱之一。在道德方面，约翰·斯图尔特·密尔改造了杰里米·边沁的功利主义。他认为每个人在对普遍幸福的追求上都有责任，他强调幸福的质量更重要，认为人类的目标在于减少个人幸福与集体幸福之间的差距。只要这种差距存在，他人的利益就必须优先于个人的幸福。密尔所主张的幸福是利他主义的。他的功利主义指向社会福利。

克服情绪危机的必读书

《功利主义》（*Utilitarianism*）

这部著作于1861年出版，约翰·斯图尔特·密尔在书中提出他定义的功利主义，这是杰里米·边沁和他一起拥护的主张。他的理论把效用视为道德的唯一标准。功利行为能够谋取最大的幸福，而这种幸福的特点是追求高质量的快乐。

致 谢

你问我人生的故事,我跟你讲一讲我读过的书。

——奥西普·曼德尔施塔姆[1]

1914 年夏天

感谢我的哥哥[2],他是最好的"自我"。如果没有他,一切都将毫无意义。我希望世界上所有的姐妹都有一个跟他一样的前辈。感谢我的妈妈,感谢她持之以恒、强劲有力的爱。感谢她的勇气,感谢她的别致,尤其要感谢她敢于别出心裁的勇气。感谢我的爸爸,感谢他如此渴望这本书,他以自己的方式给我加油鼓劲。感

---

[1] 奥西普·曼德尔施塔姆(Ossip Mandelstam, 1891—1938),苏联诗人、评论家。
[2] 本书作者的哥哥纪尧姆·罗贝尔是弗拉马利翁出版社文学部主任,也是作者的责任编辑。

谢亚历山大，感谢他为我建造小屋，为我遮风挡雨。这本书属于我们，我们将终生铭记这段生活。感谢珂珂，感谢她不断为我鼓劲，也感谢她对我如此厚爱，给了我第三个双胞胎儿子。感谢劳拉·马伊，感谢我们总是黏在一起的儿子。感谢皮埃尔，感谢震撼肉体凡胎的拯救人性的文字。感谢西尔维，感谢她始终如一的温柔和坚定不移的目光。感谢西蒙和我们携手度过的三月天，以及业已消散的纷纷扰扰。

人生纵有百转千折，不妨常作笑颜看，这才是世间最宝贵最精妙的疗愈之道。

感谢苏珊娜、莱昂纳德、埃马纽埃尔。我从不敢期待会有这样公正而珍贵的关注。你们的信任让我变成了一位作家。我对此感激不尽。感谢我的老师们，你们让我成了一名学生；感谢我的学生们，你们让我成了一名老师。你们每天都在教我，让我每天都在变得更加美好。感谢弗雷德里克·曼齐尼向我介绍了感性的斯宾诺莎。感谢阿兰·格拉纳特让我这么早就明白哲学是多么的性感。感谢斯特凡妮·雅尼科"诱惑"我提笔创作。感谢贝朗杰、卡罗尔、尼塔、雷切尔、奥塞恩、马利，他们的热情和才华让我得享安宁，使我伏案写作成为可能。感谢英格丽特，这位充满灵感的旅行者和鼓舞人心的发现者，我们终会邂逅。感谢莫德展现的默契。感谢所有意第绪语的妈妈们。感谢维吉妮、奥尔加、乔拉、尤利西斯、伊洛娜、玛丽兹娅、伊娃和洛朗·大卫，感谢他们神神秘秘的团结以及滋养人心的鼓励。感谢埃马纽埃尔 M.。感谢充满胜利感的每个夜晚。

感谢斯宾诺莎、亚里士多德、柏格森、维特根斯坦、伊壁鸠鲁、帕斯卡、尼采、康德、柏拉图、海德格尔、列维纳斯、密尔。若是没有你们，伙计们，我的人生就会茫然无措。